EBS
부모
청개구리
길들이기 편

말 안 듣는 3~7세 아이
변신 프로젝트

EBS
부모

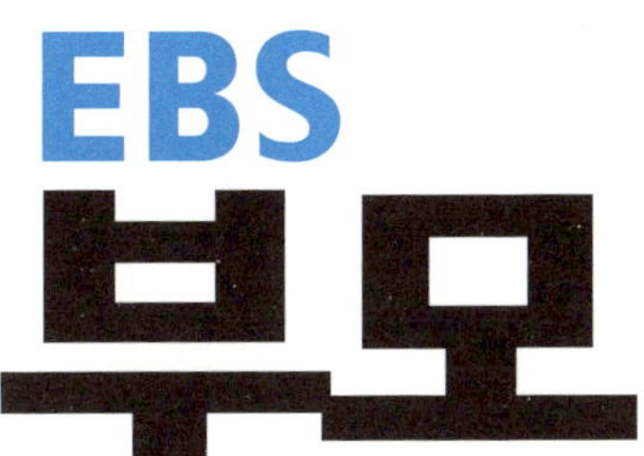

EBS 〈부모〉 제작팀 지음 | 김수권 책임감수 | EBS MEDIA 기획

지식너머

아이를 위한 선한 마음으로 고민하는
세상의 부모들에게

상담실에서 만나는 가족들이 이 자리에 오기까지 겪었던 경험과 어려움을 이해하는 것은 쉬운 일이 아니다. 수많은 시간 동안의 삶이 축약되어 이들이 전하는 이야기 속에 표현된다. 더구나 같은 시간을 보냈더라도 가족 구성원 각자가 경험한 현실은 서로 다를 수 있다는 사실까지 고려하면, 이야기를 듣는 것만으로 한 가족의 삶을 온전히 이해한다는 것은 불가능한 일인지도 모르겠다. 마치 1시간짜리 스페셜 요약편을 보고 50부작 대하드라마를 처음부터 끝까지 감상했다고 말하는 것과 비슷하지 않을까.

이런 한계에도 불구하고 감히 한 가족의 삶을 이해해보려는 노력을 오늘도 하고 있다. 찾아온 가족이 들려주는 말, 표정, 눈빛, 몸짓에서 이들이 경험한 현실을 최대한 생생하게 상상하려 애쓴다. 언젠가 부모와 아이 사이에서 있었던 일, 주고받은 말, 그때 느꼈던 감정을 묻고 듣는 동안 머릿속에서 장면 하나하나가 동영상처럼 재생될 수 있으면 좋겠다는 생각을 해봤다. 그렇게만 된다면 치료자로서 더 많은 도움을 줄 수 있을 것만 같았다. 방송에서는 이와 같은 바람이 다소 실현된다. 상담실에서 진행되는 평가와 상담 과정 외에 '일상생활 촬영'이라는 정보가 더해지기 때문이다. 가정에서 부모와 아이들이 어떻게 생활하는지를 촬영한 동영상을 통해 직접 관찰할 수 있는 기회가 생기는 것이다. 방송이 아니었으면 알지 못했을 일상생활을 보면서 부모가 아이에 대해, 아이가 부모에 대해 전하는 말이 현실에서 어떻게 펼쳐지는지 배울 수 있었다. 여러 차례 방송에 참여한 경험은 상담실로 찾아오는 가족들의 삶을 조금이라도 더 이해하는 데 큰 도움이 되었다. 아이가 태어나면, 부모는 아이가 행복한 삶을 살 수 있도록 보호하고 사랑하고 안내하는 좋은 부모가 되고 싶다는 소망을 가진다. 하지만 세월이 가면서 때론 아이를 돕고 아이와 긍정적인 관계를 유지할 수 있는 자신들의 능력에 의심이 들기도 한다. 처음에 가졌던 아이에 대한 꿈과 희망이 실현될 수 없을 것만 같은 순간을 만날 땐 좋은 부모가 아니라는 생각에 자책하고 부끄러워하기도 한다.

'나는 좋은 부모가 아니다.' 오늘도 한순간 이런 생각을 했을 부모들에게 이야기하고 싶다. 부모와 아이 관계는 세상의 수많은 인간관계 중 아이가 경험하게 되는 첫 인간관계다. 아이는 부모와의 관계를 통해 앞으로 만나게 될 많은 사람들과 어떻게 소통하고, 어떻게 관계를 이어나가야 하는지를 배우게 된다. 인간관계의 첫 대상으로서 부모가 줄 수 있는 가장 큰 사랑은 아이와 함께 있어주는 것이다. 최선을 다해 슬프지 않게, 화나지 않게, 실망하지 않게 해주는 것이 아니라 슬플 때, 화날 때, 실망스러울 때 아이가 그 감정을 겪어 낼 수 있도록 곁에 있어주는 것이다. 그리고 아이의 곁에 있어주는 것은 부모가 잘못하고 있다고 자책하는 순간에도 계속되어야 한다.

하지만 알고 있더라도 실천하기는 쉽지 않다. 부모 역할이 그들의 자아상의 핵심적인 면이 되기 때문에 이 역할을 잘 하지 못한다고 느끼는 순간은 부모의 마음을 지치게 하고 자신 없게 만든다.《EBS 부모-청개구리 길들이기 편》에서 아이들에게 가장 좋은 것을 주고 싶고 아이들을 위해 최선을 다하고 있지만 어쩔 수 없이 실수하기도 하는 우리 시대 부모들을 만나게 된다. 지친 그 마음을 이해하고 아이들을 위해 다시금 용기를 낸 멋진 부모들이 함께 노력한 시간들이었다. 오늘도 아이를 위하는 선한 마음으로 고민하는 세상의 많은 부모들에게 이 책이 조금이나마 도움이 되었으면 좋겠다.

소아청소년정신과 전문의 김수권

괜찮아요,
완벽한 엄마일 필요는 없어요

전쟁도 이런 전쟁이 없습니다. 걸핏하면 생떼쓰며 엄마 탓하는 아이, 끼니 때마다 이 핑계, 저 핑계 대며 밥 안 먹는 아이, 하루 종일 징징대며 엄마에게 붙어선 동생 괴롭히는 아이… 분명히 사랑하는 내 아이인데 함께 있기조차 너무 힘이 든다며 엄마들이 EBS 〈부모-청개구리 길들이기〉에 도움을 요청합니다. 엄마들은 지치고 우울합니다.

평균 4주에서 길어야 6주, 이 기간 동안 과연 변화가 가능할까요? 제작진들도 반신반의하며 부모 멘토와 함께 솔루션에 돌입했습니다. 관찰, 면담, 몇 차례의 코칭 그리고 무엇보다 중요한 것은 엄마들의 부단한 노력이었습니다. 솔루션 기간 동안 출연자의 집에는 '엄마의 방'이라는 미니 세트가 설치되었습니다. 엄마들은 그 안에서 매일매일 영상 일기를 남겼습니다. 엄마들은 질문을 쏟아내기도 하고 때로는 자책하기도 했습니다. 속상한 마음에 울기도 많이 울었습니다. 하지만 부모 멘토의 피드백을 받으며 아이를 그리고 엄마 자신을 조금씩 더 잘 이해하게 되었습니다. 부모 멘토의 다정한 격려에 눈물을 쏟는 엄마들도 많았습니다.

"그동안 열심히 해오셨어요. 너무 완벽한 엄마가 되려고 하지 마세요. 세상에는 완벽한 엄마가 없고 또 아이에게 필요한 것이 완벽한 엄마도 아니거든요. 분명히 아이에게는 저마다 다른 기질이 있고, 그 기질 때문에 나오는 행동을 '다 내 책임이다' 이렇게 돌려버리면 죄책감으로 남게 됩니다. 그리고 죄책감이 남으면 그걸 고스란히 아이에게 갚아주게 되어 있습니다."

솔루션 후, 변화는 엄마의 여유롭고 행복한 미소에서 숨김없이 드러났습니다. 더 이상 엄마는 아이의 생떼에 끌려다니고 오락가락하는 우울한 엄마가 아니었습니다. 아이의 마음을 민감하게 읽고 사랑은 넉넉하게 표현하면서, 훈육에 있어서는 단호하고 일관성 있는 엄마가 되기 시작했습니다. 아이들 또한 빠르게 엄마의 변화를 알아채고 편안한 모습을 보였습니다. 이는 제작진에게도 가장 행복한 순간입니다. 부모 멘토들은 '훈육은 끊임없는 마라톤이다'라고 말씀하십니다. 육아의 행복한 변화가 순탄하게 지속되지만은 않겠지만 성공의 경험을 가져본 엄마들은 꾸준히 자기 길을 찾을 것입니다.

EBS 〈부모-청개구리 길들이기〉 부모 코칭 노하우가 책이 되어 나옵니다. 이 책이 프로그램 속 '엄마의 방' 같은 역할을 했으면 좋겠습니다. 편안하게 질문하고 대답을 들으며 아이와 엄마 자신을 이해하는 길잡이가 되었으면

합니다. 아이 키우기의 질문은 끝이 없어서 중2, 초등4학년 두 아들을 둔 저도 가끔 머물며 생각을 정리하는 공간이길 기대해봅니다. EBS 〈부모-청개구리 길들이기〉는 2014년 '양성평등상 장려상'을 탔습니다. 많은 아빠들의 육아 노력도 곳곳에 배어 있기 때문입니다. 엄마와 아빠가 마음을 모으는 육아가 가장 효과적이고 행복한 방법임은 굳이 길게 설명할 필요도 없겠지요.

좋은 프로그램을 위해 힘쓴 이윤재·정정임·임은빈·최윤지 작가, 홍승후·이민형 피디, 임완식·김인선·윤채훈 조연출 등 모든 스태프분들께 감사드립니다. EBS 〈부모-청개구리 길들이기〉는 용기 낸 부모들의 눈물겨운 도전을 항상 응원하겠습니다!

EBS 〈부모〉의 제작진을 대표하여

프로듀서 안소진

PART 2

청개구리 변신 프로젝트

PART
3

부모와
아이가
함께
성장한다

나는 좋은 부모인가

01
청개구리가 나타났다

청개구리 아이를 키우는 부모의 고민

부모라면 누구나 아이와의 첫 만남을 가장 소중한 기억으로 떠올릴 것이다. 아이를 가졌을 때의 신비로운 느낌과 아이를 낳았을 때의 가슴 벅찬 감동은 어느 날 부모의 세상으로 들어온 아이가 준 선물과도 같다. 나를 똑 닮은 아이를 갖는 것에 대해 어떤 부모가 설레고 행복하지 않겠는가. '부모 되기'는 때로는 준비가 덜된 것 같은 불안감을, 때로는 아이라는 존재가 태어난 낯선 상황으로 인한 긴장감을 불러일으킨다. 하지만 지금껏 경험해보지 못한 '부모'라는 이름의 책임감이 생기면서 인생이 새롭게 보이기 시작한다는 점에서는 모든 부모가 같은 마음일 것이다.

아이를 잘 키우는 일은 세상 모든 부모의 바람이다. 부모는 기꺼이 아이의 올바른 성장 과정에 조력자가 되어 아이를 이끌어주면서 부모와 아이가 모두 함께 행복해지는 육아를 원한다. 하지만 부모 역할은 그리 쉽지 않으며, 바라고 원하는 만큼 좌절하고 실망하는 부분도 생기기 마련이다. 특히 아이가 어느 정도 자아가 형성될 무렵인 유아기로 접어들면서부터 부모는 한 번쯤(아마도 하루에 수십 번쯤) 육아를 어떻게 해야 하는지에 대한 고민에 빠지게 된다. '지독하게 말을 안 들어요, 형제들끼리 왜 이렇게 틈만 나면 싸우는 걸까요?, 놀아주기 힘든데 매일 놀아달라고 졸라서 미치겠어요' 등 하루에도 열두 번 엄마를 들었다 놨다 하는 청개구리를 키우는 부모의 하소연은 끝도 없이 이어진다.

세상 그 무엇과도 바꿀 수 없는 소중한 아이가 어느 순간 나를 가장 힘들게 하는 존재가 되고, 최선을 다해 아이를 키우는 것 같은데 갈등과 어려움이 끊이지 않으면 결국 부모는 자괴감에 빠진다. 이렇게 고단한 육아가 지속되면, 자신이 부모로서 아직 준비가 덜된 것은 아닌지 부모의 역할에 대해 진지하게 생각해보지 않을 수 없는 상황에 놓인다. '내가 과연 아이를 잘 키우고 있는 걸까?, 아이가 제대로 크고 있는 걸까?, 아이에게 무슨 문제가 있는 걸까?, 아이가 무슨 생각을 하는 걸까?'와 같이 스스로에게 끊임없는 질문을 던지게 되기도 한다.

아이와의 갈등이 지속되면 부모는 화가 나는 동시에, 부모 된 마음으로 '혹시 내가 아이를 잘못 키워서 그런 건 아닐까?' 하는 미안한 마음이 자연스럽게 커진다. 아이를 잘 키울 의무를 가진 당사자인 부모가 아이의 올바르지 못한 행동에 제대로 대처하지 못해서 아이의 버릇이 나빠지고 상황이 악화되었다는 생각이 들기 때문이다. 그러나 이 세상에 완벽한 부모는 없다. 다만, 좋은 부모가 되기 위해 부단히 노력할 뿐이다.

부모라는 이름을 난생 처음 만난 초보 엄마, 아빠가 육아로 인해 갈등과 어려움을 겪는 것은 당연하다. 특히 가장 힘든 나이라는 3~7세 청개구리 아이를 키우는 어려움은 상상 그 이상이다. 육아로 인해 몸과 마음이 지칠 대로 지친 상태인 데에다, 아이를 키우는 일은 생각처럼 잘 되지 않고 가족 간에 애착 관계를 형성하는 것도 쉽지 않다. 설상가상으로 양육을 함께 담당하는 부부 사이의 역할이 제대로 정립되지 않으면 서로에게 불신이 쌓이고 상처를 주는 모습만 남게 된다.

천방지축 청개구리인 아이로 골머리를 앓고 있는 부모에게는 생활 속에서 겪은 시행착오를 통해 아이의 성장 발달의 문제점을 찾아내는 것이 중요하다. 갈등의 원인을 알아야 올바른 훈육도 가능하기 때문이다. 아울러 양육에 있어서 허용과 통제의 기준은 무엇인지, 아이에게 어떻게 단호함을 보여야 하는지, 아이와의 소통은 어떤 방식으로 해야 하는지에 대한 확고한 인식도 필요하다. 아이를 청개구리에서 탈출시키기 위한 방법을 모색하는 일은 결국 부모의 몫이다.

끝이 보이지 않는 육아 전쟁의 시작

보통 엄마들에게 아이를 키우면서 가장 어렵고 힘든 점이 무엇인지 물어보면, '아이가 청개구리처럼 말을 안 들을 때'라는 대답을 적잖이 들을 수 있다. 아이는 특정 시기가 되면 한창 기분이 좋다가도 갑자기 울음을 터트리고 짜증을 내는 등의 종잡을 수 없는 행동을 수시로 한다. 또, '왜'와 '싫어'를 입에 달고 살면서 제멋대로이며, 어지간하게 말 안 듣는 고집불통이 된다. 특히 4살 전후의 아이가 부쩍 청개구리 행동을 많이 한다. 무엇을 하든 '거꾸로'인 아이 때문에 엄마는 속이 탄다.

　아침에 눈뜨고 나서부터 저녁에 잠자리에 들기까지 하루 종일 청개구리 아이 등쌀에 심신이 편할 날이 없는 엄마는 끝이 보이지 않는 육아 전쟁을 매일같이 치르고 있는 중이다. 책에 나오는 행복한 육아는 먼 나라의 이야기다. 아이와 정신없는 하루를 보내고 나면 그중 단 1시간만이라도 아이로부터 해방되어 나만의 시간을 갖고 싶은 것이 엄마의 솔직한 심정이다. 이러한 상황이 반복되면 엄마도 사람인지라 자신도 모르게 아이에게 강압적인 태도를 보이게 된다. 좋은 말로 백 번 타일러도 듣지 않던 아이가 큰소리 한 번 냄으로써 잠잠해지니 아이를 야단치거나 아이에게 매를 드는 것이 일상이 되어버린다. 양육 말고도 할 일이 산더미같이 쌓인 엄마는 가장 효과 있어 보이는 '혼내기'식 훈육 말고는 다른 방도를 생각해볼 여유조차 없다.

하지만 아무리 미운 4살이라 해도 엄마로서는 사랑하는 아이와의 관계가 계속 살얼음판 걷는 것처럼 흐르기를 바라지는 않을 것이다. 아이의 잘못된 행동을 고치기 위한 방법이 과연 통제적, 강압적인 것밖에 없는지 엄마가 끊임없이 고민하는 이유도 이 때문이다.

엄마가 화를 내는 것으로 아이의 행동을 통제하는 일이 반복될수록 아이가 짜증을 부리고 떼를 쓰는 강도는 더욱 심해진다. 이에 엄마는 또 다시 힘으로 아이를 누르려 하고 아이는 반항하면서, 엄마와 아이의 기 싸움은 계속된다. 이 과정에서 아이는 떼쓰는 것이 일종의 무기가 되며 강하게 고집을 피워야 엄마가 누그러진다는 것을 알아채게 된다. 결국 엄마는 떼쓰는 아이에게 항복하거나 매를 들거나 둘 중 하나를 선택할 수밖에 없다. 그러다 보면 엄마와 아이의 사이는 합의점을 찾지 못하고 악순환을 반복한다. 화내거나 소리 지르지 않고 아이를 키우는 것은 모든 엄마들의 희망 사항일 것이다. 정녕 끝이 보이지 않는 육아 전쟁을 피할 수 있는 방법은 없는 걸까?

청개구리의 출현은 자연스러운 현상이다

세상의 모든 청개구리가 아무리 엄마를 힘들게 해도 결코 미워할 수 없는 존재인 것은 확실하다. 따라서 아이가 청개구리가 되는 것을 두려워하지 않도록 한다. 그리고 아이의 이러한 행동은 발달 과정에서 자연스럽게 나타날 수밖에 없다는 것을 인지해야 한다. 아이가 잘못된 것이 아니며, 청개구리 아이를 가르치고 이끌어주는 훈육과 더불어 청개구리가 되지 않도록 도와주는 과정도 필요하다. 그렇다면 아이는 왜 청개구리가 되는 걸까? 청개구리의 출현을 설명하기 위해서는 두 가지 심리학 용어가 필요하다. 바로 '상호주관성'과 '애착안정성'이다.

먼저, 상호주관성에 대해 살펴보자. 사람은 각자 자신만의 주관성을 가지는데 그것이 마음에서 나온다고 봤을 때, 상호주관성은 두 마음의 공유를 말한다. 우리가 누군가를 바라볼 때 상대방의 눈동자에 내 모습이 비춰지면 나의 감정과 관심, 의도, 바라는 것 등이 상대방에게 그대로 전달되는 것을 느낄 수 있다.

흔히 엄마가 아이의 눈을 바라보면서 어르고 달래는 모습을 떠올려보면 이해할 수 있을 것이다. 아이는 속상하거나 불편한 감정을 울음을 통해 표현하고, 엄마는 아이가 무엇을 바라는지 의도하는 바를 알아차리기 위해 노력한다. 엄마가 아이의 의도를 알게 되면 아이도 그것을 느끼면서 안심이 되고 원하는 바가 이루어지는데, 이러한 것을 상호주관성이라고 한다.

상호주관성의 두 마음은 양육에서 엄마와 아이의 마음을 말한다. 아이는 누가 가르쳐준 것도 아닌데 엄마의 행동에 반응하면서 웃음, 몸짓, 눈짓 등을 보낸다. 심리학자 콜윈 트레바슨(Colwyn Trevarthen)은 이것을 서로의 마음 상태를 공유하는 것이라 했다.

아이는 12개월 이전에 엄마에게도 마음이 있고, 자신에게도 마음이 있다는 것을 알게 된다고 한다. 이후로는 자신이 느끼는 것과 엄마의 표정이 전달하는 내용에 대해 눈치를 살피게 된다. 즉, 엄마의 표정에서 안정감을 찾을 수 있고 때로는 불안감을 느낄 수 있는 것이다. 이러한 것은 상호주관성으로 이루어지며, 상호주관성이 잘 이루어질 때 엄마와 아이 사이에 팀워크가 잘 맞고 안정감이 생기게 된다. 반대로 안정감이 있는 대상에게 상호주관성이 더 잘 된다고도 할 수 있다.

상호주관성이 이루어지기 위해서는 감정, 관심, 의도를 맞추려는 노력이 필요하다. 태어나서 돌 정도까지는 이 세 가지를 대부분 수월하게 맞출 수 있다. 왜냐하면 아이가 바라는 것과 엄마가 바라는 것이 크게 다르지 않기 때문이다. 아이는 잘 먹고, 잘 자고, 불편하면 치워주길 바라고, 재미있는 것이 좋다. 엄마도 마찬가지다. 이렇게 엄마의 의도와 아이의 의도가 대부분 일치하는 상황에서, 아이의 감정을 민감하게 알아차리고 아이가 관심을 갖는 것에 자신의 관심을 잘 맞추는 엄마는 아이의 의도에 맞게끔 행동해 아이의 바람을 이루어줄 수 있다.

그런데 두 돌쯤 되면 아이가 의도하고 바라는 바가 엄마와 달라지기 시작한다. 이때는 신체 발달이 활발해지면서 아이가 내 것을 가지고 싶어 하기도 하고, 스스로 하고 싶은 일도 생기는 독립성이 발현되는 시기다. 드디어 엄마와 아이의 의도가 달라지는 상황이 자꾸 발생하는 것이다. 엄마는 아이의 감정을 파악하고 아이가 무엇에 관심을 가지고 있는지 초점을 맞출 수는 있어도, 아이의 의도에는 동의하기 어려워지기 시작한다. 아이의 입장에서도 그동안 엄마와 한 팀이라고 생각했는데 자신의 감정과 다른 엄마의 감정 반응에 혼란을 느낀다. 그러면서 계속 엄마에 반하는 자기주장을 펼치게 된다.

정서적인 유대 관계를 중요하게 생각하는 애착안정성도 상호주관성과 함께 두 기둥처럼 서로 영향을 주고받으면서 아이의 성장을 이끄는 주요 축이 된다. 애착은 상호주관성에 의해 촉진이 된다. 그리고 나에게 관심을 가져주고, 감정을 알아주고, 마지막으로 바라는 것을 알아서 다 해줄 때 애착이 점점 강해진다. 하지만 엄마가 아이의 바람과 의도를 들어줄 수 없다고 결정을 내리면 애착 관계에 균열이 생긴다. 아이가 위험한 장난감을 가지고 놀고 싶어 한다거나 키에 맞지 않는 자전거를 타려고 하는 상황을 가정해보자. 아이의 감정과 관심은 이해하지만 아이에게 좋지 않기 때문에 부모는 의도적으로 들어주지 않게 된다. 결국 그전까지 부모가 다 받아주는 경험만 했던 아이 입장에서는 상당한 혼란스러움에 빠진다.

만약 서로 타협점이 형성되어 균열이 다시 회복된다면 애착안정성은 더욱 강화될 수 있다. 그러나 이미 그전에도 애착안정이 제대로 이루어지지 못한 경우라면 더더욱 혼란에 빠지게 되면서 아이의 주장이 강해진다. 부모가 바라는 것과 아이가 바라는 것이 달라지면서 아이 스스로 자신이 바라는 것에 고집을 피움으로써 청개구리 행동이 시작되는 것이다.

청개구리의 출현은 비정상적이거나 감당하기 힘든 '리틀 몬스터'가 등장한 것이 아니라, 아이가 성장하면서 생길 수 있는 자연 발달 과정의 모습이다. 아이의 청개구리 행동은 자기 독립성을 키워나가기 위한 기초 단계에서 나올 수 있다. 그러므로 이를 하나의 성장 과정으로서 인식해야 한다. 이 시기에 부모의 의도와 아이의 의도가 서로 배치되면 그때부터 훈육이 시작된다.

물론 청개구리 행동을 하는 아이의 마음은 매우 불안하다. 그동안 자신의 의도에 맞춰주던 엄마가 하루아침에 변한 것이 내심 혼란스럽고, 그 상황에서 엄마의 의도를 알아보려 해도 아직은 어린 나이라 한계가 있는 것이다. 따라서 아이를 훈육할 때는 아이의 감정에 먼저 공감한 다음 훈육에 대한 설명을 간략하게 해줘야 한다. 이러한 과정이 생략되거나 엄마의 생각이 충분히 아이에게 전달되지 않은 상태에서 아이의 행동만을 제한하면, 상호주관성이 잘 이루어지지 않으면서 애착안정성도 깨지게 된다. 애착안정성이 깨지는 것은 훈육을 할 때 불가피한 일이지만, 중요한 것은 이 애착안정성이 회복되는 과정을 거쳐야 한다는 점이다. 그렇기 때문에 아이의 감정을 이해해주고 안 되는 것에 대해서는 꾸준히 설명해야 한다. 이때 아이가 따라오려는 노력을 보인다면 반응해주고 안아주면서 감정 회복을 바로 시도하는 것이 좋다. 야단을 치자마자 금방 안아줘도 되는지 궁금해하는 엄마들이 많은데, 곧바로 안아주면서 애착안정성을 회복하는 일은 중요하다.

훈육은 아이가 세상과 처음 만나게 되는 인간관계의 원형이라 할 수 있으며, 그래서 더욱 중요한 것이다. 부모는 아이가 만나는 첫 세상이고 첫 인간관계다. 아이는 이러한 경험을 통해서 앞으로 만나는 사람들과 어떻게 관계를 이루고 유지하며 살아가야 하는지를 배우게 된다.

대부분의 부모들은 아이에게 슬픔이나 어려움을 느끼게 해주고 싶지 않아서 무조건 해결해주려고만 한다. 하지만 이는 현실에 존재하는 인간관계가 아니다. 아이에게는 부모와의 관계가 원형이고 첫 경험인데, 현실에 존재하기 어려운 인간관계부터 경험하게 되는 것이다.

살다 보면 기쁨, 즐거움 등 긍정적인 감정도 필요하지만 화, 슬픔 등의 감정도 중요하다. 실컷 울고 나면 기분이 한층 나아지고 속 시원한 느낌을 받을 수 있다. 적절한 화를 표출하는 것은 심리적인 건강에도 좋다. 또, 좌절을 감당해보고, 안 되는 것이 있고, 참아야 하는 일도 있다는 것을 알게 해주는 등 아이에게 감정 표현의 스펙트럼을 넓혀줘야 한다. 더불어 힘들고 외로울 때 누군가가 힘이 되어주고, 자신의 심정을 이해해주는 사람이 있으며, 다시 시작할 수 있다는 것도 스스로 느낄 수 있게 해줘야 한다

이러한 것은 인간관계에서 꼭 필요한 경험이지만, 많은 부모들이 불안함 때문에 갈등이 생기면 이겨내는 방법을 알려주는 것이 아니라 갈등을 없애려고만 한다. 이제는 부모 양육 과정과 아이의 성장 과정에서 실제로 아이가 겪게 될 인간관계를 경험하고 배울 수 있도록 해야 한다. 이것이 바로 훈육을 해야 하는 이유다.

성장 시기에 맞게 양육하라

아이가 엄마 품에서만 자라던 영아기를 벗어나 조금씩 말귀를 알아듣고 어느 정도 자아가 생기면 그 나이에 맞는 적절한 훈육이 필요해진다. 특히 말썽을 피우는 것과 아이의 성장 발달 과정상에서 나타나는 자연스러운 현상을 혼동하는 엄마가 있는데, 성장 시기에 따라 아이가 어떤 정서를 가지고 있는지 알고 있으면 아이를 이해하기가 훨씬 편하다. 또, 발달 시기에 따라 아이를 대하는 방법이나 훈육의 강도가 달라질 수 있다. 엄마는 객관적인 기준을 가지고 아이를 파악할 수 있어야 한다. 아이의 신체적, 정서적, 인지적 발달이 제대로 이루어지고 있는지, 아이가 어떤 문제 행동을 보이는지를 먼저 관찰한 다음 아이에게 맞는 훈육 방법을 고민해야 한다.

아이마다 성격과 기질, 발달 속도가 다르고 가정 환경이 미치는 영향도 크다. 따라서 객관적인 시각으로 아이를 바라보면서 전체를 아우를 수 있는 감을 잡는 것이 중요하다. 이때 다른 아이와 비교하지 말고 내 아이에게 맞는 상황을 점검해야 한다. 비교를 할수록 엄마와 아이 모두 상처만 받을 뿐이다.

아이를 객관적으로 바라본다는 것은, 아이마다 가진 특성과 발달 속도가 다르기 때문에 남보다 늦다고 해서 무리하게 아이를 끌고 가려 하거나 조바심을 내는 것이 도리어 화를 입을 수 있다는 것을 의미한다. 엄마가 발달 단계에 따라 아이의 정서가 어떻게 변하는지 숙지하고 감정 상태를 이해하면 훈육하는 데 도움을 받을 수 있을 것이다. 아이에게 맞는 맞춤형 훈육을 어떻게 해야 하는지 살펴보자.

아기는 태어나자마자 엄마 뱃속에 있을 때와는 다른 새로운 세상과 만나게 된다. 낯선 세상에서 아이가 불안해하지 않도록 안정감과 신뢰를 줘야 하는 사람은 부모다. 특히 엄마는 갓 태어난 아기와 가장 가까운 애착 관계를 형성해야 하는 사람이다. 처음으로 세상과 만나는 아이를 위해 부모는 밝은 기운으로 아이와 감정적 유대감을 형성하기 위해 노력해야 한다.

갓난아기는 좋으면 웃고 불편하면 우는 단순한 감정 표출을 반복하다 생후 3개월이 지나면서 본격적인 감정 교류를 할 수 있게 된다. 즐거움, 분노, 슬픔, 공포 등의 다양한 감정을 표현하며, 낯가림이 생겨 원하지 않는 상황에서는 울거나 짜증을 내기도 한다. 이때는 엄마의 얼굴을 알아보는 시기이므로 적극적으로 아이의 감정에 반응해줄 필요가 있다. 6개월이 지나면서부터는 엄마와 다른 사람을 구분하고 타인의 감정을 분별하기도 한다. 따라서 엄마가 이 시기에 분노나 슬픔을 얼굴에 자주 보이면 아이도 불안해질 수 있다.

낯가림을 잘 넘기고 안정적인 애착을 형성하면 7개월 이후 겪게 될 분리 불안 증세 또한 이겨낼 수 있다. 아이는 엄마와 떨어지는 것을 예민하게 반응하는데, 이를 잘 넘기지 못하면 이후에 어려움을 겪게 된다. 돌 전 즈음에는 감정의 표현이 훨씬 풍부하고 빨라지기 때문에 엄마는 아이와 스킨십을 충분히 하고 눈을 맞추면서 '사랑한다'는 말을 자주 하여 감정의 유대감을 돈독하게 쌓아야 한다. 아이가 몸을 움직이려 하는 시기라서 가끔 위험한 행동을 하거나 울고 떼쓰기도 하지만, 어차피 어떤 말을 해도 아이가 이해할 수 없는 시기이므로 달래고 진정시키거나 관심을 다른 곳으로 돌리는 게 좋다.

◆ 12~24개월

돌이 지나면 아이의 감정도 빠르게 분화한다. 15~18개월 정도 되면 자아감을 갖기 시작하는데, 어떤 일을 해내지 못했을 때 부끄러움이나 수치심을 느끼고 반대로 잘 해냈을 때는 자랑스러움을 느낀다. 이 시기의 아이는 다양한 종류의 감정을 매일같이 경험하고 표현하면서 자기주장이 점점 강해진다. 자신의 물건이나 사람에 대한 애착이 강해지고, 뜻대로 되지 않으면 고집을 피우고 엄마의 말을 잘 안 듣기 시작한다. '싫어'라는 말을 밥 먹듯이 하고, '내 것'에 대한 인식이 생겨 또래 친구들과 어울릴 때 양보를 잘 하지 않는 경향을 보인다. 더불어 질투 감정이 생겨 엄마를 소유하려는 의욕이 강해진다.

엄마 입장에서는 이 시기의 아이가 여전히 어린 나이에 불과하고, 아이 입장에서는 난생 처음으로 무언가를 혼자 할 수 있을 것 같은 생각이 크다. 이러한 엄마와 아이의 입장 차이는 갈등을 불러올 수밖에 없다. 엄마의 눈에는 아이가 무조건 반항하고 말을 안 듣는 것으로 비춰지며, 아이는 처음으로 좌절과 분노를 경험하게 되는 시기이므로 엄마가 제지하면 더욱 떼쓰고 반항하는 것이다. 따라서 엄마에게는 감정 표현이 서툰 아이의 속마음을 알아주는 동시에, 아이의 행동을 고쳐나가려는 노력과 자세가 필요하다. 아이는 여전히 미숙하기 때문에 화를 내고, 그것이 제대로 관리되지 않으면 결국 문제 행동으로 넘어간다. 아직 어려서 많은 것이 허용되는 시기이지만, 잘못된 행동에 대해서는 단호하게 대처할 수 있어야 한다.

이 시기의 아이는 엄마와의 애착이 더 강해지므로 이때 애착이 어떻게 형성되느냐에 따라 아이의 행동에도 변화가 생긴다. 그리고 무엇이든지 주도적으로 하려고 하는 나이이므로 엄마가 잘 도와주면 아이에게 올바른 사회성이 길러지고 아이의 정서 발달에 도움이 될 수 있다.

◆ 24~36개월

이 시기는 아이의 스트레스도 상당하지만 엄마도 힘든 시기다. 말귀를 다 알아들으면서 말을 죽어라 듣지 않는 흔히 말하는 '미운' 나이이기 때문이다. 아이는 만 2세가 넘어가면서 어른에게서 볼 수 있는 모든 정서가 나타난다. 감정을 표현하는 방법이 보다 풍부해지고, 분노를 표출할 때도 울고 떼쓰는 것 외에 삐치거나 말을 하지 않는 등 다양한 방법을 사용한다. 이 시기 아이의 특징은 공포에 민감하게 반응한다는 것인데, '무섭다'라는 것을 시각적으로 느끼게 된다. 따라서 지나친 겁주기나 아이에게 불안감을 주는 행동은 자제하는 것이 좋다.

24~36개월 아이는 인지 능력이 발달하면서 하고 싶은 것이 많아지고 실제로 자신감도 높아진다. 부모에게서 벗어나 스스로 하려는 마음과 부모의 보호에서 벗어나는 것이 두려운 두 마음이 공존한다. 또, 좋아하는 감정과 싫

어하는 감정을 확실히 표현하고 자율성이 높아지는 나이다. 따라서 아이가 어떤 행동을 한다고 했을 때 격려하고 칭찬하면 안정된 정서를 길러줄 수 있다. 화를 내거나 감정이 폭발하기 쉬운 이 시기의 아이에게는 무엇보다 애정 표현을 많이 해주는 것이 좋다.

점차 사회성도 발달하는 시기이므로 올바른 행동에 대해 칭찬하고 감정을 치유해주면 아이가 심리적으로 안정을 찾을 수 있다. 반대로 행동에 대해 너무 심하게 통제하거나 가족과 불안정한 애착이 형성되면 아이가 자괴감을 느끼면서 문제 행동을 일으킬 수 있다.

♦ 3~6세

아이에게나 부모에게 상당히 새로운 변화가 일어나는 시기다. 어느새 아이가 엄마 품에서 벗어나 또래 사회로 당당하게 나가야 하는 시기이기 때문이다. 늘 집안에서 엄마와 시간을 보내던 아이는 집 밖으로 나가서 새로운 세계를 경험하며, 친구 관계가 더욱 복잡해지고 친구와 함께 놀기도 하고 다투기도 하면서 타인과의 소통을 배우게 된다. 단체 생활을 하면서 지켜야 할 규칙도 배운다. 지금까지의 감정과는 차원이 다른 다양한 감정을 느끼면서 아이가 불안해할 수도 있는데, 아이 주변의 모든 상황과 경험은 이러한 아이의 불안감에 도움이 된다. 이 시기 아이는 문제 상황이 벌어졌을 때 이전보다 좀 더 공격적으로 변할 수 있다. 몸으로 떼를 부리는 것에서 더 나아가 말을 이용해 엄마와 언쟁을 벌이기도 한다.

엄마는 아이의 현재 마음이 어떤지 자주 살펴야 하고, 아이가 자기감정을 스스로 표현할 수 있도록 격려하고 도와줘야 한다. 아이가 감정을 조절할 수 있도록 공감해주고, 무조건 통제만 할 것이 아니라 특정 상황에 처했을 때 방향을 제시해주되 선택권을 아이에게 주는 것도 좋은 방법이다.

아이와 친밀감을 쌓아라

청개구리 아이를 둔 부모에게는 '훈육'이라는 말이 낯설지 않아야 한다. 가정에서 시작되는 제대로 된 훈육이야말로 아이가 장차 올바르게 성장할 수 있는 바탕이 된다. 훈육은 말 그대로 잘 가르치고 기른다는 뜻이다. 따라서 아이가 잘못을 했거나 말을 듣지 않을 때뿐만 아니라 평소에도 훈육이 필요하다는 것을 인식하자. 무엇보다 훈육은 자라나는 아이의 품성을 기르고 가꾸는 소중한 가르침이 된다는 점에서 매우 중요하다.

훈육을 할 때는 아이와의 관계 회복이 우선시되어야 훈육이 제대로 이루어질 수 있다. 엄마와 아이가 전혀 친밀하지 않고 오히려 긴장과 갈등이 팽배한 상태에서 훈육이 이루어진다고 생각해보자. 아이는 엄마가 하는 모든 말과 행동에서 거부감을 느끼기 쉽고, 엄마가 아무리 열심히 훈육을 하더라도 아이에게 엄마의 의도가 제대로 전달되지 않을 수 있다. 엄마와의 관계가 좋지 않은 상태에서 훈육을 받은 아이는 엄마의 말을 듣고 싶지 않을 것이다.

"부모가 책을 읽으면 아이도 따라서 책을 읽는다."

올바른 모델링의 원칙이라는 것이 있다. 어떤 특정 모델을 보고 '나도 저렇게 해야지.' 하고 마음먹는 것이다. 그런데 여기서 중요한 것은 모델이 되려면 반드시 아이가 좋아해야 한다. 즉, 그 모델이 자신과 특별한 관계가 있고 좋아하는 사람이어야 본받고 싶은 마음이 들고 효과도 크다. 서로가 전혀 친밀한 감정이 형성되어 있지 않은 상태에서는 모델에 대한 관심이나 닮고 싶은 욕구가 생기지 않는다.

엄마가 아이에게 독서하는 습관을 길러주고자 모범을 보이기 위해 조용히 책을 읽고 있다고 가정해보자. 엄마 입장에서는 자신이 책을 읽는 모습을 보고 아이가 따라오기를 바랄 것이다. 그러나 아이와 친밀한 애착 관계가 형성되어 있지 않은 상태에서 하는 이러한 엄마의 행동은 모델링이 아니라 압력이다. 게다가 아이는 모델링과 압력의 차이를 쉽게 알아차리며, 엄마의 보여주기식 행동을 파악하는 것 자체가 아이에게 스트레스가 된다. 따라서 아이가 엄마를 모델로 생각할 수 있도록 관계를 먼저 회복한 후에 모범 행동을 보여주는 것이 순서다. 엄마가 원하는 바를 노력 없이 일방적으로 아이에게 요구하면 훈육이 피곤하고 힘들어진다.

만약 엄마와 아이의 애착 관계가 제대로 형성되지 않은 상태가 지속된다면 아이가 좀 더 커서 학습을 시작할 때 문제가 생길 수 있다. 특히 공부와 관련된 문제에 대해 엄마와 아이의 줄다리기가 끝도 없이 계속될 것이다. 엄마뿐 아니라 아빠도 예외는 아니다. 아빠의 행동 하나하나가 아이에게 그대로 인식됨으로써 평소에 아빠와 소원한 관계에 있는 경우 둘 사이에서 이루어지는 간단한 지시 사항은 물론 사소한 놀이조차 쉽지 않다.

 일상생활 속에서 아이와 부모의 신뢰가 회복되면 자연스럽게 아이의 문제 행동이 줄어들고 문제 해결 방법을 찾는 일도 수월해진다. 아이는 자신이 좋아하는 사람과의 관계를 유지하고 싶어 하는 경향이 있기 때문에 상대방에게 잘 보이기 위해서라도 자신의 문제 행동에 주의를 기울일 것이다.

부모의 사랑을 많이 받고 자란 아이가 정서적으로 안정되는 것은 당연하며, 이러한 환경에서 성장한 아이는 애착이 안정적으로 형성되어 쉽게 화내거나 분노하지 않는다. 반면에, 그렇지 못한 아이는 쉽게 화내는 것은 물론 감정도 불안정하다. 하루 종일 함께 있던 엄마가 잠시라도 자리를 비우면 그 새를 못 참고 엄마만 찾는다. 아이는 편안하고 안정적인 존재와 연결되어야 비로소 안심하는데 그것이 애착이다. 아이가 보이지 않는 엄마를 찾으며 불안을 느끼는 이유는 애착이 제대로 형성되지 않았기 때문이다. 즉, 엄마 이외의 다른 사람이나 주변 환경을 두려워하는 것이 아니라, 엄마와 떨어져 있는 상황을 견디지 못하는 것이다. 엄마와 아이 두 사람 사이에 애착이 형성되는 것은 본능적인 과정이며, 애착은 만 2세 이전에는 만들어져야 한다.

아이와의 애착 형성을 위해 재우고 입히고 먹이는 기본적인 행위 이외에 아이의 마음을 읽어줘야 할 때를 잘 알고 반응하는 부모의 민감성이 필요하다. 또, 아이의 마음을 제대로 파악했다면 아이에게 안정감을 주는 양육 태도가 수반되어야 한다. 아이를 과잉보호하라는 의미는 아니다. 다만, 아이가 보내는 신호를 관찰하며 민감하게 반응하라는 말이다.

맞벌이 부부처럼 아이와 많은 시간을 보낼 여건이 안 된다면 아이의 올바른 애착 형성을 위해서 주 양육자와의 관계도 신경을 써야 한다. 만약 주 양육자가 할머니라면 양육 태도에 대한 공유가 있어야 한다. 양육자가 자주 바뀌면 아이가 혼란스러울 수 있으니 안정적인 환경을 만들어주는 게 좋다. 엄마는 아이를 맡길 수밖에 없는 상황이라면 아이와 같이 있을 때만이라도 아이와 긍정적인 관계를 맺기 위해 끊임없이 노력해야 한다.

부모는 올바른 훈육을 위해서 평소에 아이의 마음을 읽어주고 조금씩 친밀감을 쌓아나가면서 애착 관계를 형성해야 한다. 아이와 친밀감을 쌓기 위한 방법으로는 스킨십이 있다. 스킨십은 애착 관계를 형성하는 데에 있어서 중요한 상호 작용 수단이다. 어렸을 때 스킨십을 충분히 받은 아이는 크면서 정서적으로 안정되고 여유로운 마음을 가질 수 있다. 아이가 사랑받는다는 느낌이 충만하면 또래 집단이나 주변 사람들에게도 관대해진다. 아울러 하루에 30분~1시간만이라도 아이에게 집중하면서 놀이 시간을 갖고 아이의 기본적인 욕구와 아이가 필요로 하는 것이 무엇인지 파악하는 것도 좋다. 아이는 엄마의 사랑과 반응을 통해 감정을 조절하는 법을 배운다. 엄마가 아이와의 약속을 반드시 지켜야 아이의 불안이 없어지고 엄마를 신뢰하게 된다.

엄마와 아이의 갈등은 애착 관계가 제대로 형성되지 않았을 경우에 발생한다. 아이가 태어났을 때 엄마와 안정적인 애착이 형성되어야 하는데, 때를 놓치게 되면 이후에 아이가 성장하면서 정서적으로 문제가 생길 수 있으며 이로 인해 문제 행동까지 나타날 수 있다. 어렸을 때 엄마와의 애착이 제대로 형성되면 아이가 자라서 다른 사람들과 관계를 맺을 때도 좋은 영향을 준다.

애착을 높이기 위해 앞서 설명한 상호주관성의 세 가지, 즉 아이의 감정이 어떤지, 아이의 관심이 무엇인지, 아이가 무엇을 바라는지를 민감하게 살펴보는 자세가 필요하다. 무엇보다 아이의 상황을 보다 빨리 파악하고 적절하게 대응하는 것이 좋다. 애착안정성이 잘 확립되면 안정적이고 적극적인 행동을 할 수 있으며, 열린 마음을 유지할 수 있다.

02
부모 멘토에게 묻다

아이는 왜 문제 행동을 보일까?

성장기 아이가 보이는 문제 행동은 아이가 속마음을 드러내는 신호이자, 자신의 이야기를 들어달라고 보내는 메시지로 받아들여야 한다. 아이의 자기 주도성이 나타나기 시작하면서 부모와 아이의 의도가 달라지는 데에서 문제 행동이 발생하게 된다.

마음먹은 대로 행동하는 것이 서툴고 미숙한 아이는 무언가 뜻대로 되지 않을 때 자신의 무력감을 거침없이 표현한다. 훈육은 한 번에 이루어지는 것이 아니기 때문에 계속 시도를 해야 하는데, 반복적으로 자주 나타나는 문제가 있다는 바로 그것이 문제 행동이 될 수 있다. 문제 행동의 처음 출발은 성장 과정에서 자기 주도성이 발현되고, 부모가 그 주도성을 전부 받아들일 수 없는 현실에서 출발한다. 따라서 문제 행동이라 할지라도 정상적인 발달 단계에서 시작되며, 문제 행동의 이면에 무엇이 있는지를 먼저 알아야 아이의 행동을 이해할 수 있다. 이처럼 문제 행동은 아이의 자기 주도성이 성장하는 과정에서 나타나는 것이므로 없어져야 할 게 아니라, 조절되어야 하고 좀 더 아이 성장에 도움이 되는 방향으로 바꿔나가야 할 문제다.

대부분의 엄마들은 아이가 화를 내거나 짜증을 부리면 아이를 야단치거나 혹은 달래면서 그 상황을 모면하려 한다. 하지만 이러한 임시방편으로 아이의 문제 행동을 방치하면 또 다른 문제 행동이 연속적으로 발생한다. 결국에는 엄마가 아이의 문제 행동을 주체하지 못하는 한계점에 도달해 당황하게 되고, 올바른 부모-자녀 관계를 형성하는 데 어려움을 겪는다.

그렇다면 아이는 왜 문제 행동을 일으키는 걸까? 아이의 문제 행동은 부모와 아이의 소통이 제대로 이루어지지 않고 있음을 시사한다. 부모가 평소에 아이와 공감대를 형성하지 못하면 아이의 문제 행동 이면에 숨어 있는 속마음을 읽어내기 어렵다.

2~3살 무렵부터 아이에게 조금씩 자아가 형성되기 시작한다. 아이 스스로 욕구가 발생하는 시기이므로 부모가 아이의 행동에 대해 어느 정도의 제

재를 해야 한다. 이 이후로는 발달 과정에 맞게 아이의 행동 변화를 살피는 게 필요하다. 그런데 이러한 과정에서 아이의 행동을 적절하게 통제하지 못하거나, 아이와의 제대로 된 애착 관계를 형성하지 못하면 아이는 정서 발달에 어려움을 겪게 된다. 여기에 부모가 아이를 대하는 태도나 말투 또한 아이가 자신의 감정을 조절하는 데 영향을 주어 아이가 문제 행동을 일으키는 원인이 되기도 한다.

아이가 문제 행동을 보이기 전에 부모에게 여러 번의 메시지를 보냈음에도 불구하고 부모가 그 신호를 놓치는 경우가 많다. 아이는 부모에게 도움과 관심이 필요하다는 것을 끊임없이 호소한다. 따라서 이러한 아이의 메시지를 제대로 읽어내야 문제 행동에 대응할 수 있다. 아이가 평소에 잘 하지 않던 행동을 할 때는 단순하게 넘기지 말고 유심히 관찰하자. 아프다고 칭얼대거나, 아기처럼 굴거나, 전에는 없던 버릇이 생겼을 때 아이가 문제 행동을 일으킬 수 있는 여건이 충분하다. 뿐만 아니라 아이는 엄마의 관심을 사기 위해 문제 행동을 보이기도 하는데, 욕을 하거나 평소에 잘 해오던 배변 가리기를 못하거나 하는 등의 행동을 통해 속마음을 드러내는 것일 수 있다.

아이의 문제 행동을 이해하려면 우선 아이가 그러한 행동을 보이는 이유를 정확히 파악해야 한다. 아이가 하는 행동에 울화통이 터져서 자신도 모르게 화부터 내는 부모들이 많다. 부모는 인내심을 가지고 아이를 이해하려고 노력하는 마음가짐이 필요하다. 아이의 문제 행동의 원인은 아이와 부모의 관계, 부부 관계, 형제 관계, 친구 관계 등 다양한 부분에서 나타날 수 있다.

따라서 부모는 아이가 어떤 부분에서 가장 불안감을 느끼는지 파악해야 한다. 평소에 부모가 알게 모르게 아이에게 스트레스를 주고 있지는 않은지 돌아보는 일도 중요하다.

같은 행동이라도 발달 연령에 따라 정상인 행동이 비정상인 행동이 될 수 있다. 예를 들어, '내 거'라고 짜증 부리는 것은 2살까지는 어린아이의 귀여운 투정으로 봐줄 수 있지만 그 이후에도 지속된다면 고집이 된다. 또, 2살 아이가 혼자 장난감을 치우는 일은 힘들지만, 5살 아이가 계속 어지르기만 하는 것도 문제가 있다.

부모는 평소에 아이에게 적절한 관심을 기울이고 마음을 어루만져주면서 아이의 문제 행동을 줄여나가야 한다. 아이의 욕구는 부모의 행동 패턴에 따라 적절하게 조절된다. 어릴 때부터 자기감정이나 욕구를 조절하도록 가르친다면, 아이는 자신이 원하는 것과 그렇지 않은 것, 해야 하는 것과 해서는 안 되는 것에 대한 판단력을 기를 수 있다.

모든 문제 행동에는 이유가 있다

유난히 집에 들어가기 싫어하는 5살 여자아이가 있다. 엄마가 집에 들어가자고 잡고 끌어도 밖에서만 놀려 한다. 아이는 엄마에게 한소리 듣고 나서야 억지로 집에 들어오지만 다음 날이 되면 또 다시 집에 가기 싫다며 떼를 쓰는 게 반복된다. 엄마는 아이에게 가장 따뜻한 보금자리인 집으로 들어오지 않으려 하는 아이 행동의 원인이 무엇인지 알아보기 위해 상담실을 찾았다. 그리고 상담 결과 생각지도 못한 아이의 속마음을 알게 되었다. 아이가 집에 들어오기 싫어한 이유는 '엄마가 놀아주지 않아서'였다. 엄마는 아이가 어린이집에 가 있는 동안 엄마만의 휴식 시간을 가지다 아이가 집에 들어올 시간이 되면 그제야 청소나 식사 준비 등과 같은 집안일을 시작했다. 그러다 보니 아이는 엄마를 항상 집안일로 바쁜 사람이며 자신이 집에 들어와도 놀아주지 않는 사람으로 인식하게 되었다.

아이가 집에 들어오기 싫어하는 이유를 알게 된 엄마는 아이가 어린이집에서 돌아오기 전에 미리 집안일을 끝냄으로써 아이가 집에 왔을 때 엄마가 전적으로 아이와 시간을 보낼 수 있는 환경을 만들었다. 그리고 아이와 충분히 놀아준 다음 아이에게 '이제 집안일을 하겠다, 저녁을 준비하겠다' 등의 이해를 구했다. 엄마가 변하자 아이도 어느 순간 집에 들어오는 것을 꺼려 하지 않게 되었고, 떼를 부리는 일도 자연스럽게 줄어들었다. 이처럼 엄마가 일방적으로 하루 일정을 소화하는 게 아니라 아이와의 시간을 최대한 맞추는 것으로 조정하고, 아이와의 시간을 보내지 못할 경우에는 미리 양해를 구함으로써 아이의 문제 행동을 바로잡을 수 있다.

아이의 문제 행동에는 분명히 이유가 있다. 그리고 그 이유는 단순한 것에서부터 복잡한 것까지 매우 다양하다. 집안일에 지친 엄마가 놀아주지 않아 재미없어서 집에 들어오기 싫어하거나, 동생에게 엄마의 사랑을 빼앗겼다고 생각해 일부러 아기처럼 행동하거나, 무관심한 엄마의 시선을 끌려고 평소에 하지 않던 행동을 하기도 한다.

부모는 아이에게 문제 행동이 생기면 전문가에게 아이의 문제 행동에 대해 자문을 구한다. 하지만 누구보다 적극적으로 아이를 알려고 노력해야 하는 사람은 부모다. 일상생활에서 벌어질 수 있는 다양한 아이의 행동을 꼼꼼히 관찰해야 문제 행동에 접근할 수 있는데, 이는 아이와 가장 가까운 존재인 부모가 가장 잘 할 수 있는 일이다. 다만, 명심해야 할 것은 부모가 아이를 객관적으로 바라봐야 한다는 점이다. 부모가 아이를 객관적인 시선으로 관찰하지 않으면 아이의 문제 행동을 다루는 데에 있어 혼란스러움을 느낄 수 있다. 아이를 주관적으로 판단하게 되면 아이의 발달 과정에서 충분히 벌어질 수 있는 행동에도 지나치게 예민한 반응을 보이기 때문이다. 따라서 똑같은 문제 행동이 얼마나 지속적으로 반복되는지 부모 나름대로의 기준을 정해놓고 아이를 관찰하는 것이 좋다. 그리고 가정에서뿐만 아니라 어린이집이나 유치원 등에서도 아이의 습관이나 행동을 관찰하는 일을 병행하면 좀 더 구체적인 판단이 가능하다.

부모로서 아이에게 무엇을 해줄지를 생각하기보다는 지금 당장 아이가 무엇을 하고 있는지, 어떤 생각을 갖고 있는지부터 관찰해야 한다. 또, '안 돼, 하지 마'보다는 '같이 하자'는 진심 어린 마음으로 아이에게 반응하고 맞춰나가야 한다. 이것이 바로 문제 행동을 해결하는 첫걸음이다.

아이가 문제를 일으키는 원인을 알았다면 그다음에는 아이의 문제 행동을 고치기 위한 방법을 생각해야 한다. 문제 행동은 올바른 훈육 속에서 고쳐질 수 있다. 여기서 간과하지 말아야 할 것은, 부모의 양육 태도가 정확하고 일관성 있으며 원칙대로 진행되어야 아이의 행동을 바로잡을 수 있다는 점이다. 부모가 어떤 때는 '애들이 다 그렇지.' 하며 넘어가던 행동을 어떤 때는 심하게 화내며 제재하는 일관성 없는 반응을 보이면 아이는 그러한 부모의 행동을 이해하지 못한다. 뿐만 아니라 하지 말아야 할 행동과 해야 할 행동에 대한 기준도 세워지지 않는다.

부모는 아이의 성장과 발달 단계에 맞는 훈육의 기준을 세우고 그 나이대에 맞는 통제와 허용의 규칙을 정한 다음 실천해야 한다. 특히 공격적인 행동이나 다른 사람에게 피해를 주는 행동은 단호하게 제재할 수 있어야 한다. 공공장소에서 떠드는 아이를 부모가 따끔하게 혼내지 않으면 아이는 자신의 행동이 잘못되었다는 것을 깨닫지 못한다. 아이가 친구나 동생을 괴롭히고 때렸다면 놀이터에서 더 이상 놀지 못하게 하고 집으로 바로 데리고 들어와야 아이가 자신의 행동이 초래한 결과를 느낄 수 있다.

하지만 아이의 문제 행동을 강압적으로 해결하려는 것은 바람직하지 않다. 이러한 제재는 아이의 자존감을 떨어트리고 오히려 아이의 문제 행동을 더욱 부추길 수 있기 때문이다. 그렇다면 아이의 문제 행동에 어떻게 반응해야 하는 걸까?

기본적인 원칙은 아이의 잘못된 행동은 무조건 통하지 않는다는 것을 아이가 스스로 깨닫도록 해주는 것이다. 아이의 투정이나 짜증이 아무리 귀찮고 참을 수 없을지라도 문제 행동을 보이며 아이가 요구하는 바는 들어주지 않아야 한다. 그 대신 아이에게 어떻게 행동해야 하는지 알아듣게 설명해주는 게 좋다. 아이를 단순히 혼내거나 아이에게 주의를 주는 행동은 제대로 인식되기 힘들다. 그렇기 때문에 부모는 인내심을 가지고 반복적이고 구체적으로 올바른 행동을 꾸준히 가르쳐야 한다. 또한, 바람직한 행동에 대한 칭찬은 적극적으로 해주는 게 좋다. 주의할 것은 가족 내에서 양육을 책임지는 사람들의 행동이 일치해야 한다는 점이다. 엄마는 아이가 떼쓰는 행동을 무시하는데 아빠나 할머니는 오냐오냐하며 달래주는 식이라면 아이의 문제 행동은 결단코 고쳐지지 않는다.

아이의 문제 행동이 나타나기 전에 미리 예방하기 위해서 집안에서 지켜야 할 규칙을 정해놓는 것도 하나의 좋은 방법이다. 아이가 또래 집단에서 어울리는 나이가 되면 규칙의 중요성에 대해서 가르쳐줄 필요가 있다. 세상에는 규칙이라는 것이 존재하고 그 규칙을 반드시 지켜야 한다는 것을 미리 알려주는 것이다. 먼저 집안에서부터 규칙을 만들어 아이가 지킬 수 있도록 유도하는 게 좋으며, 처음에 규칙을 정할 때 아이를 참여시키면 아이가 규칙을 지켜야 할 당위성을 체험할 수 있다. 아이는 아무리 규칙을 만들어도 얼마 안 가서 기억하지 못하는 경우가 많다. 그렇기 때문에 시각적으로 잘 보이는 곳에 지켜야 할 규칙에 대한 내용을 붙여놓거나 아이에게 규칙에 대해 반복적으로 상기시켜야 한다.

규칙을 정할 때는 아이에게 너무 많은 것을 요구하지 말고 아이가 기억하고 지킬 수 있는 적당한 선에서 '○○하기'와 같이 짧고 구체적인 단어로 정한다. 아이가 규칙을 잘 지킬 때마다 칭찬 스티커와 같은 보상을 해주면서 동기 부여를 하며 아이의 평소 행동과 정해진 규칙이 서로 연관될 수 있도록 인식시켜주는 자세도 필요하다.

문제 행동은 아이가 부모에게 보내는 일종의 SOS 신호다. 그러므로 부모는 아이의 행동이나 반응에 민감하게 다가갈 줄 알아야 한다. 아이와의 소통의 문을 열기 위해서 인내하고 보살피는 것이 부모의 역할이다.

아이의 마음을 들여다보라

4살 아이를 둔 엄마가 아이의 놀이 형태에 관한 상담을 받던 중 중요한 사실 하나를 알게 되었다. 아이가 유독 한 친구만을 따르고 좋아하는 것을 보고 왜 인지 궁금했는데 드디어 그 이유를 찾은 것이다. 이 아이는 기질적으로 불안 도가 높고 예민했다. 이러한 기질의 아이는 놀이할 때 누군가가 이끌어주는 게 좋은데, 아이가 잘 따르던 친구가 바로 리드하는 스타일이었던 것이다. 하 지만 아이의 기질을 전혀 파악하지 못했던 엄마는 항상 아이의 의견을 묻고 아이의 의견대로 따라주는 식이었다. 그러다 보니 아이는 엄마와의 놀이에 흥미를 잃었고 엄마보다 친구와 있을 때 더욱 편안함을 느꼈다. 아이의 마음 을 알게 된 엄마는 미안해졌다. 엄마는 아이와 감정 소통이 원활하다고 생각했는데 정작 아이가 가진 기질조차 파악하지 못하고 아이의 마음속을 들여다보지 못했다는 죄책감도 들었다.

아이의 마음을 알고 싶다는 엄마는 많지만 사실 중요한 것은 엄마가 아이에 대해 어떤 태도를 가지고 있느냐다. 아이의 마음을 알고 싶은 이유가 아이를 엄마 마음대로 움직이고 싶어서가 아니라, 아이를 이해하고 진정한 소통을 하기 위함이어야 한다. 아이는 어릴수록 더욱더 감정에 충실한 존재다. 그렇기 때문에 아이의 마음을 제대로 알지 못하면 양육에 어려움이 커질 수밖에 없다. 엄마는 아이와 감정을 교류할 수 있어야 한다. 아울러 엄마의 감정을 아이가 느낄 수 있게 해야 아이 역시 엄마와 소통하는 것에 대한 중요성을 알게 된다.

'마음 읽기'는 진정성에서 비롯되며, 아이의 의견을 무시하지 않고 존중하겠다는 생각이 우선시되어야 한다. 아이가 부족하면 격려하고, 문제가 있으면 해결책을 찾고, 부정적인 생각을 하고 있으면 긍정적인 동기 부여를 하고, 문제 행동을 하면 원인을 파악해야 한다. 특히 화를 참기 어려워하거나 분노 조절을 못하는 아이는 그 이면에 숨어 있는 감정을 끄집어내면 문제 행동을 해결하는 데 큰 도움이 된다. 겉으로 화를 내는 아이의 속에는 두려움이나 슬픔이 숨겨져 있을 수 있으며, 아이는 이러한 감정을 피하기 위해 일부러 더 짜증을 부리고 화를 내기도 한다. 이때는 아이를 꾸중하든 아이에게 충고를 주든 간에 아이에게 전혀 들리지 않는다. 엄마가 아이의 숨겨진 마음을 다독이고 아이가 편안해질 수 있도록 진심을 알아줘야만 아이의 행동을 바로잡을 수 있다.

　강한 감정 표현이 나쁜 것만은 아니며 오히려 서로를 이해하고 스스로의 감정을 변화시킬 수 있는 계기가 된다. 감정 표현을 두려워하는 사람은 마침내는 정서적 결핍이 오기 마련이며 아이 역시 마찬가지다. 다만, 아이가 강력하게 감정을 표출하면 엄마는 아이가 진정될 때까지 기다려주는 자세가 필요하다. 엄마는 아이가 어려움에 처하면 빨리 해결해주고 싶어 하지만, 아이가 그 상황에서 감정을 깊이 느끼고 스스로 회복할 때까지 기다려주는 게 현명하다. 결국 스트레스를 받고 풀어야 할 사람은 아이 자신이기 때문이다. 아이가 감정을 경험하고 혼자 힘으로 이겨내면 더욱 성숙해질 수 있다.

　그렇다면 아이의 마음을 제대로 읽기 위한 방법은 무엇일까?

　첫째, **지켜보자.** 지켜보라는 것은 아이를 그냥 내버려두라는 게 아니라 시간을 두고 아이를 바라봐야 한다는 의미다. 이는 아이의 마음을 좀 더 깊고 정확하게 보기 위함이다. 아이가 하는 작은 행동 하나하나를 허투루 보지 않고 의미를 부여하면 아이도 존중받는 느낌을 갖게 되면서 엄마와의 애착 관계가 깊어진다. 또, 아이가 굳이 화를 내거나 짜증을 부리는 등 부정적인 반응을 보이지 않아도 엄마가 자신을 봐주고 인정해준다는 생각을 가질 수 있다.

　둘째, **기다리자.** 아이는 원래 변화의 속도가 느린 반면, 엄마는 아이의 문제 행동을 발견하는 즉시 교정하려는 경향이 있다. 답답한 마음에 엄마가 나서서 대신 해주거나 아이가 요청하기도 전에 먼저 도움을 주려 한다. 하지만 아이 스스로 무언가를 성취했을 때 가장 큰 동기 부여가 되는 법이며, 그 과정 속에서 아이가 건강하게 성장할 수 있다. 엄마가 알아서 문제를 해결해주면 아이의 자율성과 책임감이 자라기 힘들다. 그러므로 엄마는 아이의 속도에 맞춰서 아이를 재촉하지 않고 기다려주는 것이 필요하다.

셋째, 긍정적으로 말하자. 아이 뜻대로 되지 않았을 때 아이의 자신감이 떨어질 수 있다. 이때 옆에서 부정적인 말을 하는 엄마에게 아이가 마음의 문을 쉽게 열 리 없다. 엄마는 아이의 속상한 마음을 알아주고 아이에게 자신감을 불어넣어줘야 한다. 비록 아이가 실수를 했다 하더라도 아이를 다그치지 말고 과정에 대한 칭찬을 아끼지 않아야 한다. 아이가 성취감을 느낄 때는 아낌없는 칭찬과 함께 진심으로 기뻐하는 마음을 공유하자.

엄마가 아이의 마음을 제대로 읽기 위해서는 생활 속에서 항상 긍정적인 상호 작용을 해야 하는데 여기에 한 가지 전제 조건이 있다. 평소에 엄마와 아이의 관계가 긴밀해야 한다는 것이다. 문제 행동을 하는 아이의 상당수가 부모와의 감정 교류에 문제가 있다. 엄마가 아이의 감정에 무관심하니 아이 또한 마음을 열지 않고 자기 마음대로 하려는 것이다. 이미 부정적인 정서가 형성되어 있는 부모-자녀 관계라면 우선 서로의 감정을 회복한 다음 마음 읽기를 시도해야 한다. 아이가 좋아하는 놀이나 관심 있는 활동을 함께하면서 서서히 애정과 신뢰가 쌓일 수 있도록 노력하자. 부모와의 긍정적인 관계는 아이 행동에 영향을 미치며, 관계 개선을 통해 문제 행동이 줄어드는 효과도 볼 수 있다.

아이의 감정을 읽어주기 위해서는 무엇보다 엄마의 공감 의식이 필요하다. 감정 조절은 누구나 힘들다. 게다가 어린아이와 소통하다 보면 벽에 대고 이야기하는 것같이 답답한 심정이 들 수 있다. 하지만 엄마가 포기하지 않고 아이 마음의 문을 계속 두드리면 엄마의 진심은 반드시 아이에게 전해진다.

부모가 먼저 변하라

누구보다 정성을 다해 아이를 키우는 것 같은데도 아이와의 갈등이 잦고 힘든 일이 많다면 양육 태도와 환경을 돌아볼 필요가 있다. 아이는 가정이라는 울타리 안에서 가족과 함께 살아가는 존재이며, 아이의 문제 행동을 키우는 사람들은 대부분 가장 가까운 가족이다. 그중에서도 엄마의 역할은 매우 크다. 그렇다면 엄마의 어떤 모습이 아이의 문제 행동을 키울까?

대부분의 엄마들은 아이를 키우면서 자신이 세운 기준을 고집하는 경향이 있다. 이로 인해 남들이 보기에는 그다지 문제 행동이 아닌 것도 엄마 기준에서는 심각한 문제가 될 수 있다. 엄마의 기준이 확고할수록 아이에게 화를 내는 일이 잦고, 엄마 스스로 좌절하는 정도가 심하며, 가족 간 갈등의 골도 깊어진다. 문제는 엄마가 세운 그 '기준'이라는 게 100% 옳다고 볼 수 없다는 점이다. 엄마의 판단이 잘못되었을 경우에는 그 결과가 아이에게 부정적인 영향으로 고스란히 되돌아온다. 따라서 누구보다도 아이와 가장 많은 시간을 보내고 있는 엄마가 아이의 문제 행동을 제대로 파악해야 한다.

문제 행동은 아이를 다그치고 혼내야 하는 성질의 것이 아니라, 아이가 그 행동을 할 수밖에 없는 이유를 알아내어 고쳐야 하는 것이다. 그렇기 때문에 엄마의 긍정적이고 넓은 시선이 필요하다. 아이의 어딘가가 잘못되어서 올바르게 자라지 못한다고 생각하지 말고, 문제를 일으키게 된 원인을 찾아내는 것이 선행되어야 한다. 아이는 외부 환경, 즉 부모나 기타 주변 인물에 의해 영향을 많이 받는 만큼 부모의 양육 태도를 점검하는 자세를 가져야 한다. 부모가 아이 성장 발달의 조력자로서 고쳐야 할 점을 찾아내는 것도 중요하다.

엄마와 아이도 서로 잘 맞는 궁합이 있는 반면, 성격 자체가 정반대인 경우도 있다. 성격 급한 엄마가 느긋한 아이를 만나면 느린 아이를 참을 수 없어 갈등이 발생한다. 하지만 엄마는 자신과 다르다는 이유로 아이가 틀렸다고 단정짓지 말고 엄마와 아이의 다른 점을 이해하는 방법을 찾아야 한다. 먼저 달라져야 하는 사람은 어른인 부모다. 부모의 행동과 태도, 가치관에 따라 아이는 긍정적인 삶을 배울 기회를 가질 수 있다.

엄마는 자기감정도 이해해야 한다. 아이의 문제 행동에 화를 내는 것이 잘못된 태도는 아니지만, 엄마가 자신의 감정을 주체하지 못하면 이는 문제가 된다. 엄마가 이성을 잃고 감정을 폭발시키는 모습을 보이면 아이는 마음의 문을 닫아버릴 수 있다. 따라서 엄마는 스스로의 감정을 다독이고 물러서서 바라볼 수 있는 마음가짐을 지녀야 한다.

부모가 가진 태도와 기준, 감정에 따라 양육 환경도 변한다. 그렇다면 아이의 문제 행동을 불러일으키는 문제적 부모의 유형에는 어떤 것이 있을까?

먼저, '허용'하는 부모다. 아이와 친밀하다는 것과 아이의 요구 사항을 무조건 받아준다는 것은 별개의 문제다. 요즘은 외동아이를 둔 집이 많고 대부분의 부모가 아이에게 허용적인 태도를 보인다. 아이의 기를 살려준다는 명목 아래 부모가 아이에게 필요 이상으로 관대한 것도 사실이다. 하지만 사랑의 표현도 지나치면 독이 된다. 결국 무조건적인 허용으로 인해 부모와 아이 모두 위기에 빠질 수 있다. 아이의 버릇은 받아주면 받아줄수록 나빠지게 되어 있다. 아이가 부모를 자기감정대로 휘둘러도 되는 사람으로 인식하면 아이는 다른 사람들에게도 똑같은 권력을 행사하려 한다. 그러나 다른 사람들은 아이의 막무가내인 행동을 부모처럼 눈감아주지 않으며, 나쁜 버릇으로 인해 또래 집단으로부터 소외를 받을 수도 있다. 집 안팎의 전혀 다른 상황에 아이의 머릿속은 혼란스러워지고 자신감이 떨어지며, 여기서 비롯되는 스트레스는 고스란히 문제 행동으로 나타난다. 아이의 모든 스트레스와 응석을 받아주는 행동은 결국 아이의 자존감까지 해치게 된다. 특히 요즘에는 좋은 부모 되기 일환으로 가부장적인 가족 관계를 지양하고 '친구 같은 부모'에 대한 관심을 쏟는데, 이 또한 훈육의 입장에서는 무조건 바람직하지만은 않다. 아이가 평소에 부모를 만만하게 대하는 것을 내버려두면 중요한 순간에 아이의 행동을 바로잡기 힘들어진다.

다음으로 '방임'하는 부모다. 아이를 세상 그 무엇보다 중요하게 생각하면서도 의외로 아이의 행동에 무관심한 부모가 많다. 아이의 행동에 문제가 있는 것은 알지만 어떻게 바꿔야 하는지에 대한 명확한 판단이 서지 않는 탓에 본의 아니게 아이를 방치한 것이다. 이러한 부모는 양육에 대한 민감성이 현저히 떨어진다. 즉, 아이가 무엇을 원하고 느끼는지, 문제 행동의 원인이 무엇인지, 아이가 필요로 하는 것이 무엇인지 알려 하지 않는다. 방임형 부모는 평소에는 아이에게 무관심하다가 특정 상황에서 부모가 원하는 대로 되지 않으면 아이에게 갑자기 화를 내면서 아이와 갈등을 겪는 일이 비일비재하다.

마지막으로 '부정적'인 부모다. 부모가 매사에 우울하고 신경질적인 반응을 보이면 아이와 정서적으로 괴리가 생길 수 있다. 이와 같은 부모는 감정 표현을 자제하지 못하고 감정 기복이 심하게 줄타기하는 모습을 자신도 모르는 사이에 아이에게 여과 없이 보여주게 된다. 부모의 극심한 감정 기복을 목격한 아이 또한 정서적으로 매우 불안함을 느낀다. 무엇보다 부모의 우울증이 심해지면 아이와의 감정 교류 자체를 거부하기 때문에 부모와 아이 사이에 따뜻한 정서적 유대감이 생길 리 만무하다. 부정적인 정서의 부모는 아이에게 좋은 말을 하지 않는다. 부모 스스로 순간적인 화를 참지 못하고 아이에게 상처 주는 말을 자주 하고 자연히 육아에도 일관성이 없어진다. 아이는 아이대로 부모가 자신을 싫어한다고 생각해 위축되고 성격이 어두워질 수 있다.

문제 상황을 불러일으키는 부모 아래에서 자란 아이에게서 문제 행동이 생기는 것은 당연지사다. 따라서 아이를 키우는 부모라면 평소에 자신의 감정이나 스트레스 조절에 신경을 써야 한다. 아이는 언제나 부모를 바라보고 있다. 이제는 부모가 아이를 돌아볼 차례다. 부모가 변하면 말 안 듣던 청개구리도 바른 아이로 변할 수 있다.

청개구리 변신 프로젝트

01
엄마만 바라보는 아이

유난히 엄마를 따라다니며 엄마만 찾는 아이들이 있다. 이는 둘째 아이가 태어났을 때 첫째 아이에게 많이 나타나는 현상이기도 하다. 엄마는 동생이 태어나면서 엄마의 사랑을 독차지할 수 없다는 불안감 때문일지 모른다는 안쓰러운 마음에 큰아이를 최대한 받아주려고 노력한다. 하지만 이러한 일이 여러 번 반복되면 지칠 수밖에 없다. 엄마만 찾으면서 징징대는 아이가 짐스럽고 화도 나지만 마음 약한 엄마는 어쩔 수 없이 아이의 행동을 다 받아주는 일이 되풀이된다. 엄마바라기 아이를 어떻게 하면 좋을까?

엄마, 나하고만 놀아줘

6살 정후는 또래 아이들처럼 장난감이나 텔레비전의 만화 프로그램에 관심이 없다. 놀이터나 키즈 카페에서도 다른 아이들과 잘 어울리지 않는다. 정후가 관심을 갖는 대상이 딱 하나 있는데 바로 엄마다. 정후는 오로지 엄마하고만 놀려 한다. 정후는 아침에 눈뜨는 순간부터 밤에 잠들기 직전까지 "엄마, 놀아줘!"라는 말을 입에 달고 산다. 정후를 밖에 데리고 나가려 하면 "엄마가 놀아줘야 나갈 거야." 하며 으름장을 놓고, 밖에 나가서도 엄마에게 매달려 "집에 가면 놀아줘."라고 투정 부리기 일쑤다. 정후의 레이더망을 벗어날 수 없는 엄마는 집에서나 밖에서나 하루 종일 놀아달라는 정후의 말에 시달려야 한다.

엄마는 얼마 전에 태어난 동생으로 인해 혹여나 정후가 소외감을 느낄까 봐 신경 써서 정후와 놀아주고 더 많은 시간을 정후와 보내기 위해 노력한다. 그럼에도 불구하고 정후는 만족해하는 기미를 보이지 않는다. 게다가 초특급 엄마바라기 정후는 엄마가 잠시만 다른 데에 관심을 두면 극심한 짜증을 부려 버릇까지 나빠지고 있다. 엄마는 아이가 하자는 대로 따라주자니 몸이 열 개라도 견딜 수 없을 지경이다. 정후로 인해 고민인 엄마는 정후에게 문제가 있는 것은 아닌지 걱정이 된다. 그저 다른 아이들처럼 평범하게 잘 놀았으면 하는 것이 엄마의 바람이다.

잘 놀다가도 엄마만 눈에 보이면 하던 것을 멈추고 엄마 뒤를 졸졸 따라다니는 아이들이 있다. 칭얼대고 보채다가 엄마를 손에 넣었다는 생각이 들면 놀아달라는 주문 외에도 요구 사항이 끊이질 않는다. 이러한 아이는 시간이 지나면 자신의 말을 들어주고 함께 놀아주는 엄마를 당연하게 생각하고, 여기서 더 나아가 엄마의 지시 사항을 무시하는 모습을 보이면서 청개구리가 되어버린다. 그리고 엄마가 하는 모든 말이나 행동에 반대하고 오로지 자기 생각대로 고집을 부린다. 아이가 아무리 생떼를 부려도 어쩔 수 없이 받아주고 이러한 일이 반복되다 보면 아이가 엄마를 만만한 존재로 인식하게 될 수 있다.

엄마와 떨어질 때 극도로 불안을 느끼는 분리 불안 증세를 가진 아이는 어릴 때 엄마와의 애착 관계가 제대로 형성되지 않은 경우가 대부분이다. 따라서 더 늦기 전에 엄마는 아이와 건강한 애착 관계를 만들 수 있는 방안을 강구해야 한다. 뿐만 아니라 아이가 불안을 느끼지 않도록 안정감을 가지고 아이를 대해야 한다. 엄마는 아이와 한 약속을 반드시 지키고 늘 아이의 마음을 다독여주는 자세가 필요하다.

엄마만 찾는 아이는 다른 것에 별로 흥미가 없고 다른 사람의 말을 잘 듣지 않는다. 많은 엄마들이 아이의 문제점을 인지하고 있지만 실제로 변화를 시도할 생각을 하지 못한다. '어릴 때 엄마를 찾는 건 당연하지.' 하며 아이의 성장에서 일어날 수 있는 통과 의례쯤으로 간주하기 때문이다. 심지어 버릇없는 아이의 행동이나 엄마를 만만하게 생각하는 것에 익숙해지기도 한다. 이와 같은 유형의 엄마는 아이의 행동으로 인해 인내심에 한계가 와도 어떻게 해야 할지 모른다. 아이를 달래기도 하고 때로는 혼내도 보지만 아이와의 갈등이 좀처럼 해결되지 않는다면 문제를 다른 시각에서 접근하고 해결 방법을 찾아야 한다.

엄마만 바라보는 아이를 변화시키기 위해서 가장 먼저 할 일은 엄마의 양육 태도를 돌아보는 것이다. 대부분의 엄마들은 아직 엄마의 손길을 필요로 하는 나이의 아이가 강하게 요구하면 마지못해 들어준다. 하지만 아이의 말에 끌려다니는 엄마의 양육 방식은 결국 아이를 청개구리로 만드는 주요 원인임을 명심해야 한다. 아이를 위하는 마음이 오히려 아이를 불안하게 하는 요인이 될 수도 있다.

정후의 경우에는 동생이 태어나면서 엄마 나름대로 아이를 배려해준 것이 화근이었다. 엄마는 늘 동생보다 정후가 우선임을 행동으로 보여주려 애썼다. 엄마, 아빠의 사랑을 독차지했던 아이가 동생이 태어나면서 상실감을 겪게 될까 걱정되었기 때문이다. 하지만 정후는 부모의 지나친 배려로 인해 어린 동생에게 양보하는 마음을 배우지 못했다. 떼를 쓰면 엄마가 무조건 자신의 말을 들어주리라는 것도 경험을 통해 알게 되었다. 아이는 자기 욕구에 따라 여러 행동을 시도한다. 그중 반복적으로 효과가 있었던 떼쓰기가 강화되고, 이후에는 자신의 욕구를 채우기 위해 의도적으로 떼를 쓴다.

심지어 정후 엄마는 정후와의 약속을 지킨다는 명목 아래 놀이 시간에 집중할 때는 갓난아기인 동생이 우는 것도 신경 쓰지 않았다. 마치 아기가 집에 없는 것처럼 행동했던 것이다. 이러한 엄마의 모습을 보며 과연 아이가 무엇을 배울 수 있었을까?

처음부터 아무런 시행착오 없이 육아를 잘 해내는 부모는 없다. 특히 첫아이 때는 엄마라는 이름을 난생 처음 가져보는 일이라 아이를 양육하면서 겪을 수 있는 다양한 상황을 맞닥트릴 때마다 당황할 수밖에 없다. 엄마는 자신이 육아를 제대로 하고 있는 것인지 매순간 의문이 들고 혼란스러울 수 있다. 이러한 엄마가 반드시 가져야 할 마음가짐은 '양육의 주체는 엄마'라는 사실이다. 다시 말해, 아이 양육에 있어서 책임감을 가지고 엄마가 결정하라는 것이다. 엄마는 아이에게 끌려다니거나 주변 사람들의 양육 코치에 일희일비해서는 안 된다. 아이가 각자 처해 있는 환경이 다르고 성격과 기질도 다른 법이다. 엄마와 아이에게도 궁합이라는 게 있듯 아이에게 맞는 양육은 엄마 스스로 결정해야 한다.

엄마는 스스로 결정할 줄 알아야 하고, 자기 결정에 확신을 가져야 하며, 결과에 상관없이 책임감을 가져야 한다. 즉, 아이와 언제, 어떻게 놀아줄지, 아이를 어떻게 훈육할지를 엄마가 결정하고 책임져야 한다. 아이를 키우는 당사자는 바로 엄마이기 때문이다. 아이가 6살이 되면 돌아다니지 않고 제자리에서 밥을 먹어야 하는 것으로 엄마가 결정했다면, 다른 사람이 어떤 말을 해도 귀가 얇아지거나 자신의 결정에 대해 고민에 빠져들지 않아야 한다. 내 아이의 양육은 내가 책임지겠다는 마음가짐이 반드시 필요하며, 양육은 친정엄마도, 친한 친구도, 옆집 엄마도 책임지지 않는 문제임을 알아야 한다.

엄마가 자신감이 결여되어 한없이 흔들리는 갈대가 되어버리면, 주변 사람들의 말에 이리저리 휘둘리고 아이를 어떻게 키울지 결정하지 못한 채 망설이며 허송세월을 보내게 된다. 확신이 없는 상태에서 양육을 하면 아이와 갈등이 생기며, 이로 인해 엄마 스스로에게 화가 나고 자괴감을 느낀다. 엄마의 불안한 모습은 아이에게 고스란히 전달된다. 갈팡질팡하는 엄마의 모습을 보면서 아이도 은연중에 불안감이 쌓일 수 있다. 겉으로는 말을 안 듣고 엄마 머리 꼭대기 위에 있는 것처럼 행동하지만 사실 불안정한 엄마의 양육 태도 때문에 아이도 불안한 것이다.

다음으로 엄마가 명심해야 할 것은 화내지 말고 단호하게 지시하라는 것이다. 엄마만을 찾는 아이에게 지친 엄마는 화를 내며 자신이 원하는 바를 아이에게 명령하게 된다. 하지만 엄마 말을 듣지 않는 아이는 엄마의 요구에 일단 '싫다'라는 대답이 먼저 튀어나오고 말 바꾸기를 시도한다. 그러면 엄마는 아이의 바뀐 말에 대답하면서 본래의 지시를 잊어버리고 만다. 엄마가 지시를 하면 아이는 다른 반응을 보이고 또 그 반응에 엄마가 지시 사항을 잊어버리는 패턴이 계속된다. 엄마가 주춤하고 후퇴하는 패턴이 반복되면 아이는 엄마의 지시 사항에 무조건 '싫어'로 응답한다. 대부분의 6살 아이들은 엄마의 간단한 지시 정도는 잘 따를 수 있는데, 정후처럼 엄마의 지시를 아예 무시하는 아이는 위와 같은 패턴이 반복되었을 확률이 높다. 이는 엄마가 아이를 전혀 통제하지 못하는 데에서 연유한다.

아이의 행동을 통제할 때는 분명한 지침을 주거나 그 자리에서 바로 시행하도록 해야 한다. 엄마가 지시 자체를 어려워하고 주의가 산만한 아이를 통제하지 못하면 아이의 말에 끌려다닐 수밖에 없다. 엄마만 찾는 아이의 행동 이면에는 엄마가 무엇이든지 다 해 준다는 생각이 기저에 깔려 있다. 그렇기 때문에 아이 혼자서는 아무것도 하지 않고 버릇없는 행동을 일삼으며 말을 잘 듣지 않는 것이다. 아이가 무조건 싫다고 버티면 결국에는 엄마가 항복한다는 것을 아이도 너무 잘 알고 있다. 하지만 아이의 문제 행동을 바로잡기 위해서는 엄마가 아이의 떼쓰기에 반응을 보이며 여지를 주거나 마음이 약해지지 않도록 해야 한다.

가장 기본적인 '밥상에 바로 앉히기'와 '욕실에 바로 들여보내기'를 먼저 실천해보자. 이 솔루션을 수행하기 위해서는 엄마의 마음가짐이 매우 중요하다. 한없이 받아주던 엄마가 갑자기 목소리에 힘이 들어간 모습을 보면서 아이가 당황해하고 울면서 매달리면,

엄마는 아이를 단호하게 뿌리치기 쉽지 않으며 때로는 눈물날 만큼 힘들 수 있다. 또는, 갑자기 변한 엄마를 멀리하면서 엄마와 아이의 관계가 일시적으로 냉랭해지기도 한다. 예전에는 엄마 뒤만 졸졸 따라다니던 아이가 더 이상 엄마와 놀지 않겠다고 선언할 수도 있다. 만일 엄마가 안쓰러운 마음 반, 서운한 마음 반에 이 상황을 견뎌내지 못하면 반복되는 악순환을 벗어날 수 없다. 마음이 아프더라도 눈 질끈 감고 단호함을 유지하면 결국에는 아이도 변하기 마련이다. 물론 아이의 버릇이 쉽게 바뀌지는 않지만 아이도 엄마의 단호한 의지와 행동을 보고 서서히 말을 듣기 시작할 것이다.

놀이 행동도 마찬가지다. 엄마는 단호하게 새로운 놀이 규칙을 아이에게 설명해야 한다. 정후네는 둘째 아이가 태어나면서 큰아이가 혹여나 엄마의 빈자리를 느낄까 싶어 정후가 하자는 대로 내버려두었던 것이 오히려 역효과를 일으킨 경우다. 정후 또래의 아이에게 놀이만큼 중요한 시간은 없다. 아이 입장에서 볼 때 놀이 시간에 엄마를 온전히 차지할 수 있다는 것은 중요한 의미로 다가온다. 어쩌면 엄마도 아이가 안쓰러워 일정 부분 동조했을 수 있다. 하지만 엄마의 이러한 행동은 결국 아이에게 끌려다니는 엄마, 엄마 없이는 아무것도 하지 못하는 아이라는 결과를 낳고 말았다. 정후와 같은 아이에게는 예전과는 다른 놀이 규칙이 필요하다. 아이에게 동생이 울면 하던 놀이를 중단하거나 기다려줘야 한다는 것을 가르쳐야 한다. 아이와 잘 놀아주는 것은 아이의 성장 과정에서 매우 중요하다. 아이의 마음을 살필 줄 아는 부드러운 엄마이면서도 아이가 말을 잘 듣지 않을 때는 단호한 모습을 보일 수 있는 엄마가 되어야 한다.

물론 하루아침에 청개구리가 달라지는 마법 같은 일은 일어나지 않을 것이다. 아이를 훈육하다 보면 아이와 엄마 모두 서로에게 화가 나거나 서운할 수 있다. 하지만 엄마가 이러한 과정을 자연스러운 것으로 받아들이고 극복해나가면 아이도 변할 수 있다. 엄마가 중심을 잡지 못하면 아이도 덩달아 혼란스러워진다. 한번 목표를 정하면 엄마가 주체가 되어 결과가 좋든 나쁘든 밀어붙이고 그 결과에 대해 수긍하고 돌아볼 줄 아는 자세를 갖춰야 한다.

혼자서는 못해요

5살 지수는 이제 백일이 된 동생을 의젓하게 돌보고 또래에 비해 책도 많이 읽는다. 야무진 성격에 엄마, 아빠 말을 잘 듣는 '순한' 아이이기도 하다. 그런데 그러한 지수에게 숨기고 싶은 비밀이 하나 있다. 바로 5살이 된 지금까지 배변을 가리지 못한다는 사실이다.

지수의 엄마, 아빠는 같은 나이대의 아이들에 비해 영민한 지수에게 기대가 컸다. 그렇기 때문에 아이가 문제 행동을 일으킬 것이라고는 전혀 예상하지 못했다. 잘나가는 커리어 우먼이었지만 지수를 키우기 위해 회사를 그만둔 엄마는 이와 같은 상황이 난감하다. 왜 자꾸만 지수가 바지에 실수를 하는 걸까? 온 가족이 힘을 모아서 지수가 제대로 배변을 가릴 수 있도록 꾸준히 연습을 시켰지만 나아지지 않았다. 지수 엄마는 지수가 배변 실수를 하는 이유가 궁금하여 상담 선생님을 찾았다. 그리고 상담 선생님으로부터 들은 말은 엄마를 당황하게 했다. 엄마, 아빠가 배변에만 관심을 두는 바로 그 점이 문제라고 진단했기 때문이다. 지수는 누가 봐도 말 잘 듣고 똑똑한 아이임에도 불구하고, 사실상 혼자 힘으로 할 수 있는 일이 거의 없었다. 밥 먹기, 씻기, 옷 입기 등 5살 아이가 스스로 할 수 있는 일을 지수 엄마가 대신 해주고 있었던 것이다.

아이의 배변 실수를 걱정하는 집을 들여다보면 배변은 단지 겉으로 드러난 문제일 확률이 높다. 따라서 아이의 배변 행동 하나에만 집중하지 말고 아이에게 나타나는 다방면의 문제 행동과 그 행동이 나오게 된 원인, 부모의 양육 방식, 아이의 습관 등을 먼저 살펴보면서 배변 문제를 해결해나가야 한다.

아이가 대소변을 가리지 못할 때 엄마의 반응은 대개 두 경우로 나누어진다. 하나는 아이가 또래 아이에 비해 뒤떨어진다는 조급한 생각에 아이를 다그치는 경우다. 이러한 엄마는 아무리 훈련을 시켜도 나아지지 않는다고 아이를 윽박지르거나 무섭게 대하면서 과하게 화를 낸다. 다른 하나는 아예 엄마가 알아서 다 해주는 경우다. 아이 스스로 할 수 있도록 도와줘야 하는데 엄마가 참지 못하고 아이의 자율적인 의지를 꺾어버리는 사례가 종종 있다. 아이가 혼자 할 수 있을 때까지 기다려주는 차분함이나 인내심이 엄마에게 부족한 것이다.

위의 두 가지 경우 모두 아이에게는 바람직하지 않다. 배변 실수를 할 때마다 아이를 무섭게 대하면 아이는 주눅들 것이고, 반대로 엄마가 엄격하지 않으면 아이는 오히려 자율성이 떨어져 계속 실수를 반복할 것이기 때문이다. 결국 아이의 평소 행동과 습관을 제대로 파악하고, 엄마 스스로 양육 방법의 잘못은 없는지 끈기 있는 태도를 가지고 아이를 바라볼 때 해결될 수 있는 문제다. 대소변 가리기는 발달 과정의 일부분이기 때문에 잘잘못을 따질 것이 아니라 여유를 가지고 아이를 지켜보면서 훈련의 강도를 조절해야 한다. 배변 문제 해결의 첫걸음은 부모가 허용과 한계의 경계가 명확한 양육 태도를 가지고 있는지에서부터 시작된다.

엄마는 아이가 말귀가 밝고 동생을 괴롭히지 않는 등의 의젓한 행동을 한다고 해서 무턱대고 대견하다고만 생각해서는 곤란하다. 아무리 어른스러운 아이일지라도 아이는 역시 아이이며 엄마의 도움이 필요하다. 즉, 의젓하고 순한 아이의 기질과는 별개로 엄마가 바로잡아줘야 할 부분이 반드시 존재한다. 지수 엄마는 지수를 야무지고 의젓한 아이라 생각했지만, 아이의 행동과 습관을 살펴본 결과 일상생활에서 엄마에게 의존하는 정도가 심한 편으로 나타났다.

어린이집 등원 30분 전에 일어나 세수하기, 이 닦기, 밥 먹기, 옷 입기 등 어느 하나 엄마의 손을 거치지 않은 게 없었다. 게다가 아이는 거실 소파에 누워서 텔레비전 만화를 보고 있고 엄마만 바삐 움직이며 아이에게 필요한 것을 일일이 가져다주는 형국이었다. 물론 엄마들은 "그렇게라도 하지 않으면 제시간에 어린이집에 못 가요."라고 하소연할 수 있다. 하지만 아이 스스로 할 수 있는 일마저 엄마가 대신해주면 아이의 자발성이 저해된다. 엄마가 문제 행동이라 여기는 배변 실수에만 신경 쓸 게 아니라, 생활 습관을 아이 스스로 차근차근 훈련하도록 하는 게 우선순위다. 여기에 배변 훈련도 꾸준히 시도하는 것이 바람직하다.

Goodbye 청개구리

해도 되는 것과 안 되는 것의 규칙을 세워라

아이와의 갈등 상황을 대충 넘어가려 하거나 대수롭지 않게 생각하는 엄마가 의외로 많다. 어떤 엄마는 아이의 자발성과 자립심이 배변을 가리는 일과 무슨 관련이 있는지 의문을 가지기도 한다. 이러한 엄마는 아이에게 신경은 많이 쓰지만, 아이가 해도 되는 행동과 해서는 안 되는 행동에 대한 규칙을 제대로 세워놓지 않은 경우가 많다.

아이의 자율성은 적절한 한계와 규칙 안에서 자라는 법이다. 따라서 엄마는 허용과 경계의 기준을 확실하게 만들어야 하며, 그에 맞춰 허용 가능한 것은 아이에게 주도권을 주더라도 허용되지 않는 행동에 대해서는 명확한 제재를 할 수 있어야 한다. 무엇보다 잘못된 양육 태도로 인해 배변 문제와 같은 나쁜 습관이 형성될 수 있다는 것을 인지하는 게 중요하다.

성인이 되어 부모의 도움 없이 스스로 돈을 벌고 생활해나가면서 뿌듯함과 행복감을 느끼듯이 아이도 똑같다. 자신이 혼자 힘으로 무언가를 할 수 있을 때 안정된 행복감을 느끼는 것이다. 그렇기 때문에 엄마가 허용과 한계의 기준을 정확하게 세워 아이의 자발성을 이끌어낼 필요성이 있다.

아이의 자발성을 길러주기 위해서는 엄마가 변해야 한다. 아이의 행동을 변화시키기 위해 어떻게 할 것인지 다짐한 내용을 노트에 적어보는 것도 좋다. 예를 들어, 식사 시간에 식탁에 오지 않는 아이의 행동을 변화시키기 위해서 아이로 하여금 반찬 뚜껑을 열게 하거나 수저를 놓게 함으로써 식사 준비 과정에 아이를 참여시킬 수 있다. 이를 통해 아이가 식사의 즐거움을 느낄 수 있도록 하고, 특히 자신이 먹을 양을 엄마가 정해주지 말고 스스로 조절할 수 있도록 아이에게 선택권을 주는 게 좋다. 아이가 자기 주도적으로 잘할 수 있는 부분까지 엄마가 개입하게 되면 아이는 스스로 해내는 방법을 찾지 못한다. 아이의 식습관을 바로잡기 위해서 일부러 간식을 주지 않거나 아예 간식을 사다놓지 않는 등 초강수를 둘 수도 있다.

본격적으로 '스스로 하는 습관 들이기'와 함께 아이가 어려움을 겪었던 부분에 대한 훈련(지수의 경우에는 배변하기)도 동시에 진행되어야 한다. 처음에 실수하더라도 다음번에 꼭 잘하자고 격려하여 아이에게 안정감을 주는 것도 잊지 말자. 엄마나 아빠가 실망하는 표정을 지으면 아이가 위축되기 쉬우므로 오랜 시간 훈련을 통해 자연스럽게 터득해나간다는 마음과 여유를 가지면서 아이가 부정적인 생각이 들지 않도록 부모가 신경 쓰는 것이 중요하다.

효과적으로 아이의 습관을 변화시키기 위해서는 아이에게 말하는 방법 또한 중요하다. 아이에게 지시할 때는 명확하게 말할 수 있도록 화법을 바꾸자. 겨우 5살 아이에게 '이거 할까?, 저거 해볼래?, 그만둘까?'와 같은 질문이나 권유 형식의 화법을 사용하면 스스로 많은 것을 판단하기 힘든 나이인 아이는 과부하가 걸릴 수 있다. 엄마의 단호한 양육 태도는 물어보는 화법이 아니라 명확하게 지시하는 화법에서 나온다. 엄마가 틀을 잡아주지 않으면 아이 스스로 알아내기 힘들다. "이거 할래?"라고 물어봤을 때 아이가 하지 않겠다고 대답하면 그 길로 대화는 끝나버리는 것이다.

놀이를 할 때도 마찬가지다. 엄마가 아이에게 의문형으로 물어보는 것보다는 "시간이 다 되었으니 놀이를 그만하자!"라는 단호한 태도를 보여야 한다. 엄마와 아이가 마무리 시간을 정해놓았다면 아이가 그 규칙을 꼭 지켜야 하는 것으로 인식할 수 있도록 한다.

아이의 의견을 존중하려는 엄마의 불분명한 말투가 오히려 아이를 혼란에 빠트릴 수 있다. 엄마의 명확한 표현이 아이의 규칙 훈련에는 매우 효과적이며, 짧지만 쉽고 분명한 말이 아이를 성장시킨다. 습관을 고치는 것은 쉬운 일이 아니다. 물러서지 않겠다는 엄마의 단호한 태도와 적절한 훈련, 통제가 반드시 필요하다.

아이는 20분짜리 DVD를 30~40번을 보려고 한다. 이는 DVD의 내용이 짧아도 최소 30~40번은 봐야 내용을 습득할 수 있다는 것을 의미한다. 따라서 아이에게 새로운 행동을 가르치고자 한다면 '오늘은 해냈지만 내일은 또 잊어버릴 수 있다'라는 사실을 인식할 필요가 있다. 그리고 부모는 아이가 혼자 힘으로 해내는 과정을 즐길 수 있도록 도와주는 조력자 역할을 해야 한다.

아이의 자율성을 기르기 위해서는 나이에 맞게 단계적으로 아이 스스로 선택할 수 있는 권한을 주는 것이 바람직하다. 엄마가 모든 것을 결정하려고 하면 아이는 의존적인 성향으로 자랄 수 있다. 아이가 해야 할 역할을 부모가 대신해주는 경우가 많은데, 이것이 점점 심해지면 아이는 혼자 힘으로 아무것도 할 수 없게 된다. 아이가 어렸을 때는 괜찮더라도 나이가 들면서 아이의 자율성에 심각한 타격을 받을 수 있다. 자율성이란 누가 가르쳐주는 것이 아니라 스스로 판단하고 결정하는 것을 의미한다. 뿐만 아니라 선택한 것에 대한 결과와 그에 따른 책임도 자기 몫이다. 아이는 수많은 실패를 경험하면서 잘못된 점을 발견할 줄 알고, 또 새롭게 변화하면서 보다 단단한 인격체로 자라난다.

아이의 자율성을 길러주는 것과 더불어 아이 마음속의 불안한 마음을 이해하고 도와주는 일이 무엇보다 중요하다. 아이가 어떤 행동을 실행하기 전에 겁먹거나 불안할 수 있지만 이러한 불안감을 이겨내도록 엄마가 아이를 돕고 안정감을 줄 수 있어야 한다. 아이의 행동이나 습관을 고치기 위해서는 엄마가 끈기 있게 기다려주는 자세가 필요하다.

엄마가 아이에 대해 몰랐던 부분을 많이 발견하게 되는 것이 바로 육아다. 세상에 아이를 사랑하지 않는 부모는 없지만 사랑만으로는 아이를 잘 키울 수 없다. 그래서 육아에 방향키가 필요한 것이다. 배변, 식습관 또는 다른 문제 행동을 전반적으로 바라보면서 각각의 상황이 어떤 영향을 주는지 면밀하게 검토해야 한다.

배변 문제를 통해 지수 엄마는 지수가 의사 표현을 잘 하지 못한다는 사실을 알게 되었다. 이러한 현상을 단순히 아이가 내성적이거나 조용한 성격이기 때문이라 판단하고 넘어가지 말고 이면의 복합적인 원인을 파악해야 한다. 사회성 발달이 다른 아이보다 늦을 수도 있고, 엄마의 과보호와 같이 집안 환경에서도 영향을 받을 수 있으며, 아이가 가진 기질적인 부분도 고려해야 한다. 요즘처럼 경쟁적으로 자신을 알리는 시대에 내 아이만 뒤처지는 것은 아닌지 걱정된다면 아이가 처해 있는 현재 상황을 면밀하게 살펴보는 게 좋다. 하지만 이 과정에서 엄마의 잣대로 아이를 판단해서는 곤란하다. 엄마의 바람대로 아이를 끌고 가서도 안 된다. 아이마다 성격과 기질이 다르므로 엄마의 생각대로 강요하지 말고 아이의 마음을 온전히 이해하는 것부터 시작해야 한다. 성격이 얌전하다는 것은 아이가 가진 특징이지 고쳐야 할 점이 아니다. 다만, 너무 소극적인 성격이라면 엄마와의 진솔한 대화를 통해 아이에게 무엇이 문제인지, 아이의 소극적인 면을 어떻게 고쳐나갈지 의논해볼 수 있다.

아이의 행동 개선을 위해서는 부모의 끊임없는 노력이 필요하다. 아이에게 사랑을 주듯 세상의 규칙을 가르쳐주는 것도 부모의 역할이다. 잘 키우겠다는 마음, 의지, 사랑이 꼭 필요하지만, 아이의 문제 행동을 해결하기 위해 노력하겠다는 다짐과 판단, 의사 결정 능력도 갖춰야 한다.

못 말리는 엄마 쟁탈전

원주네 삼 형제는 엄마가 가는 곳이라면 어디든지 졸졸 따라다닌다. 시도 때도 없이 엄마에게 안아달라고 아우성이며 '엄마 나만 봐'를 온몸으로 외친다. 혹여 나 아닌 다른 형제가 엄마를 차지할까 봐 멀쩡히 잘 놀다가도 또는 서로 싸우다가도 엄마만 보이면 기를 쓰고 매달리며 보챈다. 삼 형제를 키우는 것도 힘든데 아이들이 유난스러운 까닭에 엄마는 더욱더 지치고 힘들다.

그 와중에 첫째 아이 원주에게 원형 탈모까지 생겼다. 엄마는 혹시 원주가 동생들 등쌀에 스트레스를 많이 받아서 탈모가 오는 게 아닌지 걱정되었다. 그래서 되도록이면 자주 원주를 안아주고 위로해주다 보니 원주의 어린 양과 보챔이 점점 늘어나고 있다. 시간이 지날수록 동생들을 괴롭히고 엄마에게만 매달리는 것이 심해져, 자신의 장난감을 만지는 동생을 때리는 것은 기본이고 엄마가 잠깐만 자리를 비워도 엄마를 찾으며 대성통곡하기 일쑤다. 동생들은 동생들대로 안아달라고 보채면서 엄마를 한시도 가만두지 않는다. 동생들의 성격도 유별나서 집안은 늘 아이들이 다투고 우는 소리로 조용할 날이 없다. 원더 우먼 같은 엄마를 꿈꿨지만 현실은 안고 달래도 멈추지 않는 아이들의 울음만이 가득할 뿐이다. 엄마는 삼 형제와의 육아 전쟁을 끝낼 수 있을까?

아이가 많으면 그만큼 육아의 양도 늘어난다. 특히 터울이 적은 또래 아이들을 키우는 집의 육아는 상상을 초월한다. 원주네 삼 형제의 경우를 살펴보자. 막내를 등에 업은 엄마가 식사 준비를 하는 와중에 남은 두 아이가 밥을 먹으면서 투정 부리고 보채는 풍경은 아이 많은 집에서 흔히 볼 수 있다. 엄마는 한 명인데 아이는 셋이다 보니 이 아이에게 신경 쓰면 저 아이가 문제를 일으키고 저 아이를 달래다 보면 다른 아이가 사고를 치는 등 일상이 말 그대로 육아 전쟁이다. 엄마가 선 채로 밥이라도 먹으려 하면 아이들이 달라붙어서 도저히 제대로 된 식사를 할 수가 없다.

그중에 나이가 제일 많은 첫째 아이에게 맏이답게 행동해주기를 바라지만, 삼 형제의 경우처럼 큰아이라고 해서 결코 의젓하게 엄마를 도와주지 않는다. 오히려 첫째인 원주는 동생들보다 더 엄마에게 매달린다. 원주가 엄마에게 자주 업혀 있다 보니 동생들도 엄마에게 서로 업어달라며 우는 총체적 난국이 일상이 되어버렸다.

아이가 여럿인 집에서 한 아이가 유독 극심한 스트레스 증세를 보이면 집에서 벌어지는 대부분의 일은 그 아이 위주로 돌아가는 경향이 있다. 너무 어린 나이에 탈모 증세가 생긴 원주도 부모 입장에서는 여간 안쓰러운 일이 아닐 것이다. 엄마는 원주가 부모의 사랑을 독차지하는 데 익숙해 있다가 어린 나이에 동생이 두 명이나 생겨 스트레스가 심해진 게 아닌지 걱정이 크다. 그렇다고 첫째 아이에게만 관심을 기울이면 나머지 두 아이들의 문제 행동을 제어할 길이 없다. 문제가 있는 아이에게 더 신경을 쓰게 되면 그만큼 다른 아이에게 관심이 덜 가게 되는 것 같아 이 또한 미안하고 걱정스러운 마음이 들기는 마찬가지다. 그러다 보니 원주 엄마는 지나칠 정도로 아이들을 자주 안아주고 오냐오냐하는 양육 방식을 초래하고 말았다. 자연히 아이들이 싸울 때 중재가 어렵고, 세 아이를 번갈아가며 달래주다 보면 훈육의 의미도 퇴색된다.

엄마바라기 아이의 특징 중 하나는 무조건 안아달라고 보채는 것인데, 원주네는 삼 형제가 번갈아가면서 엄마를 힘들게 한다. 이러한 안아달라는 아이들의 요구를 무조건 수용했다가는 아이들이 더 자란 이후에도 엄마만 찾게 될 것이 불 보듯 뻔하다. 그러다 잠깐이라도 엄마가 보이지 않으면 불안을 동반한 심한 짜증을 부릴 수 있다. 이것이 스트레스가 되고 아이는 이 스트레스를 다른 형제자매에게 터트리기도 한다. 뿐만 아니라 서로 엄마의 관심을 끌기 위해서 바지에 오줌을 싸는 등의 극단적인 돌발 행동을 불러일으키는 일도 많다. 이러한 상황에서 양육을 도와주는 사람이 없다면 결국 엄마 혼자 아이들에게 치여서 힘든 상황이 계속될 것이다.

Goodbye 청개구리
아이의 감정과 소통하라

원주네 엄마는 유난스러운 삼 형제 때문에 힘들 법도 한데 아이들을 참 많이도 안아준다. 아이가 조금만 아파도 안아주고, 아이가 불러도 안아주고, 아이가 투정을 부릴 때도 안아준다. 아이가 보채거나 안쓰러울 때 무조건 안아주는 엄마들이 많은데, 그보다는 먼저 아이의 마음을 파악하는 것이 더 중요하다. 즉, 아이를 무턱대고 안아주지 말고 우선 상황을 관찰해야 한다. 엄마는 아이가 울거나 보채면 무조건 안아주는 것으로 문제를 해결하려 하지만, 이미 기분이 상한 아이는 엄마가 아무리 달래도 마음이 쉽게 풀리지 않는다. 엄마가 아이의 속마음을 알아주고 아이의 나이에 맞는 처방을 내려줘야 하는데, 갓난아기 때처럼 안아주기만 하니 아이가 발달에 역행하는 행동을 보이는 것이다.

아이를 안아주고 토닥이는 행동은 반드시 필요한 경우에만 행해져야 한다. 엄마가 아이를 시도 때도 없이 안아주면 아이는 이를 당연하게 여기고 엄마가 자신을 안아주는 이유와 상황적 특수성을 전혀 인지하지 못한다. 또한, 단순히 아이를 안아주는 것으로 문제 상황을 무마시킴으로써 다른 문제 상황을 맞닥트렸을 때 아이에게 어떻게 반응해야 할지 갈팡질팡하게 된다. 아이가 진심으로 요구하고 있는 것이나 아이가 우는 이유를 제대로 파악하는 연습이 제대로 되어 있지 않기 때문이다. 아이의 감정을 알아주라는 말은 잘못된 행동을 내버려두라는 게 아니라 아이가 왜 화가 났는지를 먼저 파악해야 한다는 말임을 기억하자.

실제로 원주 엄마는 삼 형제가 다투거나 보챌 때 아이들 사이에 어떤 문제가 벌어졌는지 정확히 파악하지 못했다. 큰아이가 동생들을 괴롭힌 것인지 동생들이 형에게 대든 것인지를 판단하지 않은 채, 엄마는 그저 아이들이 싸우고 다투는 본능적인 감정에만 치우쳐 아이들에게 화내거나 때로는 아이들을 달래주면서 상황을 모면하고자 했다.

엄마가 놓친 아이들 간의 문제를 정확히 알아야 문제 상황이 어떻게 해서 야기되었는지, 무슨 일이 있었는지, 어떻게 해결해야 할지에 대한 답이 나온다. 아이들을 무조건 혼내는 것은 바람직하지 않지만 마냥 감싸는 것 또한 옳지 않다. 대부분의 엄마들은 우는 아이를 내버려두면 안 될 것 같아서 아이의 울음에만 반응하게 된다. 그렇게 되면 아이는 자신이 울어야만 엄마가 반응하는 것으로 생각하고 더 많이, 자주 울 수밖에 없다. 시끄럽게 울면 엄마가 보듬어주고 관심을 가져주니 아이 입장에서는 울음이야말로 엄마를 부르는 스위치인 셈이다. 엄마는 아이의 울음에만 반응하지 말고 왜 우는지에 대한 정확한 이유를 파악하기 위해 상황에 집중해야 한다.

의미 없는 안아주기를 멈췄다면 다음은 눈높이 소통을 시도할 차례다. 예를 들어, 큰아이가 동생에게 폭력을 행사하거나 자신의 물건을 만지지 못하게 한다면 분명 이유가 있을 것이다. 엄마는 아이가 그러한 행동을 하는 이유부터 찾아내야 한다. 아이가 커가면서 단순히 안아주거나 보듬어주는 것만으로는 안정감을 주기 힘들다. 아이의 연령에 맞게 엄마가 아이의 감정을 알아차리고 진심을 담은 소통을 하는 게 중요한 것도 이 때문이다.

엄마는 꼭 필요할 때만 아이를 안아주고 상황을 관찰한 다음 아이와 눈높이 소통을 해야 한다. 아이가 아파서 안아달라는 것인지, 떼 쓰면서 안아달라고 하는 것인지 판단할 수 있어야 알맞은 대처를 할 수 있다. 아이가 우는 이유는 굉장히 다양하다. 엄마가 아이의 울음의 의미를 구별할 수 있으면 양육하는 데에 훨씬 힘이 덜 들게 된다.

물론 아이가 안아달라고 했을 때 외면하는 것이 처음에는 힘들 수 있으니 그러한 상황을 맞닥트리면 일단 자리를 피해보자. 그래도 계속 안아달라고 우는 아이가 마음에 걸린다면 놀이로 화제를 전환하는 것도 한 방편이 될 수 있다. 즉, 다른 곳으로 아이의 시선을 돌리는 것인데, 그 과정에서 아이는 안아달라고 했던 자신의 요구를 잊어버리게 된다. 원주에게 엄마가 안아주는 것이 좋으냐고 물었더니, 뜻밖에도 원주는 많이는 말고 한 번만 안아줘도 괜찮다는 대답을 했다. 이유인즉슨 엄마가 동생들을 보살펴야 해서 힘들기 때문이었다. 원주는 엄마의 고충을 누구보다 잘 알고 있었는데, 이러한 아이에게 아주 어린아이에게 하듯 단순 안아주기는 효과가 전혀 없다. 아이는 엄마와 눈높이에 맞는 소통을 원한다.

눈높이 소통을 한다는 것은 아이가 잘한 행동에 대해 구체적으로 칭찬을 해주는 일이기도 하다. 특히 큰아이에게 칭찬을 해주면 그 칭찬의 힘은 동생들에게도 영향을 미치게 된다. 아이는 칭찬의 기분 좋음을 알기에 동생들과 함께 놀면서 좋은 모습을 보이려 애쓴다.

엄마가 안아주기를 덜 하면 아이들과 놀 시간이 덤으로 늘어난다. 아이를 무작정 예뻐만 하기보다 아이의 나이에 맞는 규칙을 정해 가르치고 배우게 함으로써 성장시키는 것이 엄마의 역할이다.

장난감 스스로 정리하기에서부터 외출 후 손 씻기 등 생활 전반에 걸친 부분을 규칙으로 정해서 아이에게 바른 습관을 가르치려는 노력을 통해 아이를 변화시켜보자. 그리고 아무리 어린아이일지라도 잘못을 했으면 벌을 받아야 한다는 사실을 가르쳐야 한다. 동생이라고 마냥 감쌀 것이 아니라 동생도 형에게 잘못을 했으면 그에 맞는 책임을 져야 한다는 것을 보여주는 것이다.

형제자매 사이에서 발생하는 다툼에 있어서 엄마의 단호함은 절대적으로 필요하다. 아이가 가장 먼저 만나는 사회는 가정이다. 그 속에서도 형제자매 관계는 아이가 가장 기본적인 인간관계와 규칙을 배울 수 있게 해준다. 누구보다 가까이에서 생활하는 관계이다 보니 서열이나 성격에 따라 여러 가지 갈등 상황이 발생하기도 한다. 따라서 부모는 아이들에게 갈등이 생겼을 때 현명하게 판단하고 해결할 수 있어야 한다. 아이들의 갈등을 슬기롭게 해결하지 못하면 아이들의 성격 형성에 좋지 않은 영향을 준다. 어느 한 사람의 편을 들어주는 것이 아니라 미리 정해진 규칙에 따라 아이들의 잘잘못을 따져주는 것이 좋다. 서로 때리면 안 된다든지, 상대방의 물건은 반드시 물어보고 가져간다든지 등 나름의 규칙을 정하면 아이들 사이에 다툼이 생겼을 때 해결하는 데 도움이 된다. 물론 아직 나이가 어린 아이들은 어떤 훈육에도 굴하지 않고 제멋대로 행동하려는 경향이 있지만, 아이들에게 엄마의 원칙이 흔들리지 않는다는 믿음과 단호함을 보이면 형제자매 간 갈등도 서서히 줄어들 것이다.

또한, 큰아이에게 전권을 주는 것도 문제이지만, 반대로 큰아이가 모든 갈등 상황의 책임을 지는 것도 바람직하지 않다. 형제 관계에서는 엄마나 아빠 등 어른이 반드시 중재를 해야 한다. 아직 어린 아이들 사이에 벌어진 싸움이라도 여기에 힘의 논리가 작용하면 주도권을 빼앗긴 아이는 상처를 입는다. 부모가 어느 한쪽 편을 들 때는 갈등이 더욱 깊어진다. 그리고 자신도 모르게 아이들을 비교할 때가 있는데 비교나 차별은 절대 금물이다. 아이 스스로 엄마와 자신의 관계를 형제자매 간의 이해관계에서 벗어난 개별적인 관계로 인식하도록 해야 한다. 형제자매 간의 문제 상황이 발생했을 때는 엄마의 균형 있는 자세가 무엇보다 중요하며, 엄마가 보지 못한 사실에 대해 마음대로 재단하려 하지 말아야 한다.

엄마는 아이들 사이에 다툼이 일어났을 경우 어떤 상황에서도 폭력은 안 된다는 것을 아이들에게 상기시킬 필요가 있다. 아이들의 사이가 좋을 때는 마음껏 칭찬도 해주자. 엄마는 아이가 하는 말에 귀를 기울여야 한다. 아이들이 어떤 생각을 가지고 있는지 평소에 자주 대화를 하다 보면 아이들 간의 불협화음을 해결하는 일이 수월해진다.

아이를 많이 사랑해주는 것이 양육의 전부라고 정의해버리면 엄마 자신이 매우 힘들어질 수 있다. 엄마의 사랑에도 좋은 방법과 그렇지 않은 방법이 있다는 것을 제대로 볼 줄 알아야 하며, 아이의 상황을 정확히 파악하고 마음을 들여다볼 줄 아는 자세가 선행되어야 한다.

아이들에게는 엄마와 아빠가 모두 필요하다. 엄마에게 '육아=전쟁'이라는 말은 그리 낯설지 않을 것이다. 아이 한 명을 키우기도 벅찬데 또래 아이들이 2~3명 있다 보면 엄마의 에너지는 쉽게 바닥나고 만다. 게다가 아직 우리 사회는 엄마가 양육 문제를 떠안는 집이 많아서 엄마가 겪는 육아 스트레스는 상상을 초월한다.

엄마에게 가장 절실한 존재는 아빠다. 사회적으로 아빠 육아가 이슈가 되기는 하지만 육아 선진국에 비해 여전히 갈 길이 멀다. 엄마는 혼자 양육을 떠맡는다는 생각을 갖지 말아야 한다. 단순히 아빠에게 도움을 청하는 것도 바람직하지 않다. 양육은 함께하는 것이기 때문이다. 아빠도 엄마를 도와 아이를 돌본다는 생각에서 벗어나 적극적인 양육 주체로 나서야 한다. 아이는 엄마와 아빠의 관심과 애정을 똑같이 필요로 한다. 아이가 아빠로부터 받는 영향력과 엄마로부터 받는 영향력은 다르다.

엄마는 양육 스트레스를 줄이기 위해서 아빠의 도움은 물론 주변 사람들과의 소통에도 관심을 기울이면 좋다. 육아 카페에 가입하거나, 또래 아이를 키우는 다른 엄마들과 소통하는 활동이 육아

에 대한 자신감을 키워주고 비슷한 고민을 함께 해결해나간다는 안
도감도 줄 수 있다.

부모 멘토의 솔루션

엄마바라기 아이를 어떻게 하면 좋을까?

1. 양육의 주체는 엄마이므로 책임감을 갖고 결정하자.

2. 아이에게 무작정 화내지 말고 단호하게 지시하자.

3. 적절한 한계와 규칙 속에서 아이의 자율성을 키워주자.

4. 아이에게 지시할 때는 명확한 화법을 사용하자.

5. 아이를 무조건 안아주지 말고 먼저 상황을 관찰하자.

6. 아이의 마음을 들여다보고 눈높이 소통을 하자.

02
화내는 아이의 이유 있는 반항

불같이 화내는 아이, 아이가 언제 폭발할지 몰라 조마조마한 엄마

이유 없이 화를 내고 짜증이 심한 아이들이 있다. 어른들에게 버릇없이 굴고 막말을 일삼는 데에다 고집도 세고 한번 화가 나면 스스로를 통제하지 못해 주변 사람들까지 힘들게 한다. 게다가 시간이 지나면서 아이가 점점 더 반항적이고 폭력적으로 변한다면 부모로서는 매우 난감한 상황이 아닐 수 없다. 부모는 아이가 화내는 이유를 잘 알지 못해 답답해하는데 아이가 화를 낼 때는 그만한 이유가 있다. 아이가 화를 내는 이면에 담긴 메시지를 읽어내는 일을 해야 하는 사람은 바로 부모다. 어떻게 해야 아이의 화를 멈출 수 있을까?

엄마가 제일 만만해

"이게 다 엄마 때문이잖아!"

걸핏하면 엄마에게 화내고 짜증내는 7살 은수는 세상에서 엄마가 제일 만만하다. 아이는 엄마 머리 꼭대기에 앉아서 내려올 생각을 하지 않는다. 엄마는 아이가 아무 이유 없이 화를 내는 것 같아 답답하기만 하다. 아이의 폭력적인 행동을 멈추기 위해 같이 화를 내보고 아이를 달래기도 했지만 소용이 없다. 엄마는 매일매일 불안한 심정으로 아이의 눈치를 살핀다. 내 속으로 낳은 아이임에도 불구하고 마주 보기 두렵고 하루가 무사히 지나가면 그제야 안도의 한숨을 쉰다. 시간이 흐를수록 아이와의 관계는 점점 악화되어가고 관계 개선을 위한 해결 방법은 떠오르지 않는다. 엄마는 멀고도 험난한 육아의 길에서 나침반을 잃어버린 듯 암담하다.

혹시 엄마의 사랑이 부족해서일까? 엄마의 머릿속에는 여러 가지 생각이 꼬리를 문다. 아이가 화내는 이유를 몰라 엄마가 답답한 만큼 아이도 엄마가 자신의 마음을 알아주지 않아 화가 난다. 이렇게 화가 가득한 엄마와 아이의 아슬아슬한 외줄타기를 어떻게 극복해야 할까?

화가 나면 아무 말이나 내뱉어버리고 눈앞에 아무것도 보이지 않는 듯 규칙 따위 죄다 무시해버리는 아이들이 있다. 기분이 좋다가도 뜻대로 되지 않으면 갑자기 불같이 화를 내기도 한다. 엄마가 아이를 달래고 안아주거나 꾸중도 해보지만 화가 난 아이를 통제하기에는 역부족이다. 도대체 왜 아이가 심하게 짜증을 부리는지 엄마는 영문도 모른 채 난감하고 속상하다. 언제, 어디서, 어떻게 터질지 모르는 반항적 아이로 인해 엄마는 아이와 끝없는 신경전을 벌인다. 어떤 엄마들은 아이가 심하게 화를 낸다 싶으면 통제 불가능한 것으로 판단하고 상황이 빨리 종료되기만을 바란다. 시간이 흐르면 아이는 언제 그랬냐는 듯이 멀쩡해지기 때문에 엄마로서는 달리 손쓰는 것 없이 그 시간이 지나가기만을 간절히 바라는 것이다.

짜증이 심한 아이는 폭력적으로 변할 가능성도 있다. 멀쩡히 놀다가 주변 사람들에게 물건을 던지거나, 아이가 생각했을 때 가장 만만한 엄마에게 함부로 말한다. 이러한 아이들은 혼자만의 세계에 쉽게 빠지는 경향이 있다. 그래서 다른 사람의 말을 잘 들으려 하지 않으며 엄마가 아이를 불렀을 때 아이는 엄마의 말을 묵살하기 일쑤다.

자주 화를 내는 아이는 다른 사람과의 상호 작용이 원활하지 않은 경우가 많다. 아이는 자신이 원하는 것을 얻기 위한 방법을 제대로 배우지 못하고 떼를 쓰거나 거친 언어를 통해 원하는 바를 쟁취했기 때문에 이와 같은 패턴이 습관화되어 있다. 아이가 원하는 바를 얻기 위해서 어떻게 해야 하는지 성장 과정에서 습득하지 못해 스스로의 감정을 읽을 줄 모를뿐더러 감정 조절도 쉽지 않다. 이로 인해 가장 가까운 사람들인 가족과의 상호 작용마저 힘들어진다. 대부분의 아이들은 양육자인 부모를 통해 난생 처음 상호 작용을 배우므로 부모는 아이와의 적절한 상호 작용을 통해 아이의 감정을 읽어주기 위한 노력이 필요하다.

그렇다면 은수는 엄마를 어떻게 생각하고 있을까? 상담 중 은수 부모는 아이만 남겨두고 잠시 방을 비웠다. 은수를 관찰한 결과, 낯선 장소에서 엄마가 자리를 비웠는데도 불구하고 엄마를 전혀 찾지 않았다. 심지어 모르는 사람이 방에 들어오자 그 사람에게 말을 건네기까지 했다. 낯선 사람과 신체적인 접촉도 서슴지 않는 아이는 친한 사람과 그렇지 않은 사람과의 관계를 전혀 구별하지 못했다. 놀이 치료 전문가는 은수에게 '불안정 저항 애착'이라는 진단을 내렸다. 엄마에 대한 믿음이 전혀 없어 감정 조절에 어려움을 겪고 있다는 것이다. 그렇다고 해서 아이가 전적으로 엄마를 미워하는 것은 아니다. 아이는 엄마가 좋지만 아이 마음속의 불안감이 엄마에게 짜증내고 공격적으로 행동하며 말을 함부로 하게끔 만드는 것이다. 이는 한없이 불안정하고 자신의 감정을 이해하지 못하는 저항 애착 아이가 보이는 주요 증상이기도 하다.

Goodbye 청개구리

사랑과 통제의 적절한 균형을 맞춰라

'애착'이란 아기와 아기를 돌보는 사람 사이에 생기는 친밀하고 정서적인 관계를 말한다. 아기는 엄마가 주는 보살핌과 사랑의 반응을 통해 감정을 조절하는 방법을 배운다. 은수처럼 자신의 감정

 혹시 아이가 더 어린 아기였을 때 엄마가 제대로 된 애착을 형성해주지 못했다면 지금이라도 천천히 사랑의 반응을 시작해야 한다.

애착 다지기의 첫 번째 단계는 기본적인 욕구를 알아주는 것이다. 다시 말해, 배고픔이나 졸림, 불편함 같은 기본 욕구를 엄마가 먼저 파악하고 아이에게 다가가야 한다. 그리고 아이의 감정을 읽어주기 위해 노력해야 한다. 매일 일정한 시간을 정해서 아이와 집중 놀이 시간을 갖는 것도 도움이 된다. 처음에는 아이가 엄마의 도움을 거절할 수 있다. 그만큼 불안정한 애착이 아이의 마음속에 강하게 자리 잡고 있기 때문이다. 하지만 엄마는 아이의 마음을 알아주기 위해 끊임없이 힘써야 한다. 지금까지 아이가 노는 것을 바라만 보고 방관했다면 앞으로는 아이와 함께 놀면서 애착 관계를 형성해나가야 한다. 특히 엄마가 아이의 기분을 따라가면서 아이에게 필요한 게 무엇인지 신경 쓰고 미리 준비해주면 좋다. 자신의 행동 하나하나에 관심을 가지면서 알아서 챙겨주고 마음 써주는 엄마를 보면서 아이도 서서히 마음의 문을 열 수 있다.

엄마는 일관성 있게 아이와 애착 관계를 형성해나가야 한다. 엄마가 어느 때는 친절하다가 갑자기 아이를 무시하는 행동을 하거나 화를 내면, 아이 입장에서는 만족스럽게 형성된 애착이 되기 힘들다.

은수를 관찰한 결과 엄마에 대한 애정이 크지만 겉으로 드러내지 않는 상황이었다. 이는 아이가 엄마를 대하는 감정 조절에 어려움을 겪고 있기 때문이다. 따라서 가족과의 상호 작용이 원활하지 못한 은수를 위해서는 가장 기초적인 마음 읽기부터 시작되어야 한다.

애착을 다지는 과정에서 엄마와 아이의 관계가 좋아지다가도 어느 순간 다시 아이의 화가 폭발할 때가 있다. 화내는 아이의 전형적인 특징은 바로 돌발 행동이다. 이럴 때는 엄마도 어쩔 수 없이 놀이를 중단해야 한다. 단, 아이의 짜증을 받아들이는 것이 아니라 행동을 통제해야 한다. 엄마의 태도에 아이의 화가 더 심해질 수 있지만 여기서 엄마가 후퇴하면 결코 아이를 진정시킬 수 없다. 화내는 아이에게는 단지 애착만 형성할 게 아니라 행동 통제를 병행해야 한다. 엄마는 아이가 원하는 것을 해달라고 떼쓸 때 무조건 들어주지 말고 아이로 하여금 떼를 써도 안 되는 것이 있다는 사실을 보여줘야 한다.

물론 아이의 화가 지나쳐 통제해도 소용없다고 하소연할 수 있다. 하지만 대부분의 엄마는 아이가 30분 이상 떼를 쓰면 아이와 실랑이를 벌이다 중도에 포기할 확률이 높다. 한 시간, 두 시간이 넘더라도 아이의 짜증을 꺾어야 한다. 이렇게 아이를 통제하는 횟수가 여러 번 지속되다 보면 아이가 진정되는 시간 또한 빨라질 것이다.

사실 엄마에게 아이와의 애착 형성이 필요하다고 강조하면, 이를 아이가 아무리 잘못했다 하더라도 훈육하지 말고 보듬어줘야 한다는 것과 동일시하는 오류를 자주 범한다. 게다가 보통 '훈육' 하면 아이를 무작정 사랑해주는 것보다 훨씬 많은 에너지가 소모된다고들 생각한다. 하지만 결국 훈육도 아이를 사랑하는 마음에서 우러난 에너지로 이루어지는 것이다. 그러니 애착 형성과 훈육을 별개의 것으로 인식하지 않도록 한다.

아이가 약속이나 규칙을 어기거나 바르지 않은 행동을 했을 때는 생각의자에 앉히는 것도 좋은 방법이다. 처음에 생각의자에 앉으라고 하면 고집 센 아이는 생각의자에 앉기를 거부하거나 엄마와 힘겨루기를 시도한다. 이럴 때 생각의자에 앉아 있는 아이도, 아이를 지켜보는 엄마도 견디기 힘든 고통의 시간을 경험할 수밖에 없다. 하지만 엄마는 아이가 화를 진정시킬 때까지 인내심을 가지고 기다려야 한다. 시간이 걸리더라도 아이가 엄마의 모습을 보면서 안정을 되찾을 수 있고, 이것이 지속적으로 반복되면 아이가 생각의자에 앉아 있는 시간이 점점 줄어들게 된다.

사실 아이를 생각의자에 앉히는 것에 대해 생각이 다른 엄마도 있을 것이다. 아이가 생각의자 자체를 장난으로 여기지 않을까 하는 의구심이 들거나, 엄마 입장에서 생각의자에서 벗어나려고 발버둥치는 아이를 지켜보는 게 마음 아프고 아이에게 상처를 주는 일이라 생각할 수도 있다. 그렇지만 아이를 통제한다는 것은 엄마의 차분하고 안정된 기분을 아이에게 전달시켜 아이를 진정시키는 것이다. 즉, 아이의 화를 꺾는 게 아니라 아이가 진정될 때까지 기다려주는 것과 같다. 그러니 생각의자에 지루하게 앉아 있는 것보다 화를 가라앉히는 게 훨씬 낫다는 것을 아이가 체득할 수 있도록 도와주자. 물론 아이를 훈육하는 상황이 감정적으로 흘러가지 않도록 주의해야 한다.

아이를 생각의자에 앉힐 때는 엄마도 규칙을 세워야 한다. 툭하면 아이를 벽에 세우거나 생각의자에 앉히지 말고, ‘물건을 던질 때, 소리를 지를 때, 식사 시간에 돌아다닐 때, 정해놓은 약속을 어길 때 등의 경우에 생각의자에 앉히겠다’와 같은 정확한 기준을 세워야 한다. 또한, 처음부터 아이의 모든 문제 행동을 바로잡으려 들지 말고, 가장 기본적인 식사 예절이나 가족에게 소리 지르고 때리지 않기 등과 같은 문제 행동을 먼저 고쳐나가면서 다른 잘못된 습관을 차근차근 바로잡는 게 좋다.

아이는 부정적인 생각이 들고 마음이 불안정할 때 짜증을 낸다. 심지어 힘없는 동생이나 친구들을 괴롭히는 것으로 자신의 스트레스를 해소하기도 한다. 이러한 아이의 행동을 다 받아주면 아이는 우주가 자신을 중심으로 돌아간다고 생각하게 된다. 하지만 집에서는 아이 중심적인 세상이 가능할 수 있지만, 어린이집이나 유치원에서는 전혀 그렇지 않다. 여기에서 현실과의 괴리감이 생기고, 아이는 다시 한 번 현재 자신이 처한 상황에 대해 불평불만이 생긴다.

훈육이 이루어지기 전에 아이가 스스로 힘든 감정을 만날 수 있도록 해주는 것도 도움이 된다. 혹시라도 아이가 욕을 한다면 곧바로 고쳐주는 것이 좋다. 욕을 한다는 것은 아이로 하여금 공격적인 성향을 더욱 강화시키는 요인이 될 수 있다. 따라서 욕을 할 때마다 계속적으로 상기시키면서 잘못된 언어 행동을 바로잡을 필요가 있다. 때에 따라서는 아예 행동을 제약하는 방법도 있다. 만약에 아이의 마음속에 분노의 감정이 존재한다면 그 원인을 찾아내는 일도 필요하다.

평소에는 말을 제법 잘 하고 다른 가족들과의 소통에도 아무 문제가 없는데, 유독 엄마에게만 화를 내고 말을 잘 하지 않으려 한다면 서운한 감정이 들 수 있다. 하지만 서운함은 잠시 내려놓고 엄마와 아이의 대화하는 방법을 재고할 필요가 있다. 엄마가 아이를 다그치는 말투이거나 매사에 질문형으로 말한다면 아이는 귀찮아할 수 있다. 또, 아이의 관심사가 아닌 엄마의 관심사 위주로 대화를 나눌 때도 마찬가지다. 아이와의 대화를 어려워하는 엄마들은 대개 엄마가 대화를 주도하는 모습을 보인다. 아무리 사소한 이야기라 할지라도 엄마는 아이가 관심을 가지는 것이 무엇인지 먼저 파악하려는 노력을 해야 한다.

엄마가 먼저 '힘들어, 짜증나'와 같은 말을 입에 달고 살면 아이를 진정으로 이끌어줄 수 있는 힘이 생기지 않는다. 엄마가 감정적으로 동요되면 아이도 힘들어지기 때문이다. 훈육을 힘들어하지 말고 사랑의 에너지를 쓰는 시간으로 생각하며, 가족과 애정을 나누는 시간을 만들어나가자. 아이는 부모의 통제 속에 안정감을 느끼고 부모의 사랑을 통해 마음의 위로를 받는다. 사랑과 통제의 적절한 균형 속에 아이와 부모는 함께 성장한다. 화내는 아이를 다루기 위해서는 아이의 마음을 알아주되 행동을 제재하는 것을 병행해야 함을 잊지 말자.

다 엄마 때문이야

9살 진이와 7살 선이 남매는 매일같이 억울하다. 남매는 작은 일에도 쉽게 화를 내고 넘치는 화를 주체하지 못한다. 심지어 모든 일의 원인을 엄마에게 돌리며 당당하게 사과를 요구하기까지 한다. 이때마다 엄마는 한없이 무기력해지는데 그럴만한 이유가 있다. 지난 10년 동안 극심한 가정불화로 엄마와 아이들 모두 깊은 상처를 받았고, 최근에는 아이들만 데리고 친정에 와서 살게 되면서 아이들의 화가 부쩍 심해졌기에 아이들이 화내는 것에 대해 섣불리 야단칠 수가 없었던 것이다. 설상가상으로 엄마 말을 잘 듣지 않고 짜증을 내는 손녀, 손자가 못마땅한 외할머니와의 갈등도 더욱 심해지고 있는 상황이었다. 아이들의 고집이 더욱 거세지고 반항하는 횟수도 많아지면서 엄마의 훈육은 전혀 통하지 않았다.

부모가 사이가 좋지 않거나 불안한 가정 환경에서 자라는 아이는 어느 순간 가족이 해체될지 모른다는 두려움을 항상 마음속에 가지고 있다. 아이가 이러한 환경에 오랫동안 노출되면 부모가 자신을 보호해줄 것이라는 기대감을 잃게 된다. 아이의 내면에서 차곡차곡 쌓이던 화는 점점 커져서 결국 밖으로 표출되는데, 주로 가족이나 친구에게 문제를 일으킬 때가 많다. 아이는 속에 잔뜩 든 화를 풀어내는 방법을 잘 모르기 때문에 제멋대로 굴거나 고집을 부리고 청개구리 행동을 하는 것으로 화를 표출하기도 한다. 가정에서는 물론이고, 어린이집 같은 또래 집단과의 공동생활 속에서 나타나는 문제는 심할 경우 따돌림의 원인이 될 수도 있다.

부부 사이가 좋지 않은 경우 부모는 아이에게 본의 아니게 상처를 줬다는 마음에 안쓰러움이 커 아이가 아무리 화내고 떼써도 참고 받아준다. 이러한 부모는 아이의 화를 어떻게 풀어줘야 할지 방법도 잘 모른다. 진이네는 엄마가 심하게 무기력한 모습으로 아이들을 대하고 있었는데, 분노에 찬 남매를 진정시키는 단 하나의 수단은 바로 엄마의 미안하다는 말이었다. 엄마는 아빠와 사이가 좋지 않아서 아이들이 겪었을 상처에 대한 죄책감으로 인해 아이들에게 항상 미안해하고 있었다. 그러다 보니 아이들도 엄마가 미안해하는 것을 당연하게 받아들였다. 심지어 엄마에게 빌라고 소리치며 엄마의 사과를 받고 나서야 겨우 진정되는 극단적인 모습도 보였다. 게다가 함께 사는 외할머니가 이러한 아이들을 못마땅하게 여김으로써, 아이들과 엄마의 관계 이외에도 외할머니라는 또 다른 어른이 가세되어 살얼음판을 걷는 듯한 집안 분위기가 계속되었다.

어른들 때문에 화가 잔뜩 쌓인 아이의 문제 행동을 바로잡기 위해서는 근본적인 문제 해결부터 선행되어야 한다. 진이네처럼 부모의 불화로 마음에 직격탄을 맞은 아이는 어른에 대한 불신이 크다. 주변 어른이나 부모가 자신을 보호해주지 못할 것이라는 생각도 아이가 화내는 이유 중 하나다. 또한, 무관심한 어른으로부터 사랑을 확인받기 위해 자신의 속마음을 일부러 강하게 표현함으로써 문제 행동이 비롯되기도 한다.

부모는 자신이 처해 있는 환경만을 탓하면서 아이를 무작정 받아주려 하지 말고, 아이를 관심과 보호를 받아야 하는 대상으로 인식하도록 하자. 다시 말해, 아이가 아무리 고집을 피우고 반항해도 아이의 속마음은 아기처럼 엄마의 무한한 사랑을 받고 싶어 한다는 것을 알아야 한다. 엄마는 시간이 걸리더라도 끈기를 가지고 아이에게 다가가면서 친밀감을 회복하기 위해 노력해야 한다. 특히 부모 스스로 자신의 감정이 아이 앞에 적나라하게 표출되는 것을 자제하고, 최대한 아이가 마음의 상처를 덜 받을 수 있는 방안을 모색해야 한다.

아이의 마음에는 부모의 불화가 자신 때문이라는 상처가 알게 모르게 자랄 수 있다. 아이가 가족이 해체되는 상상을 하면서 아이의 마음속에 부정적인 생각이 걷잡을 수 없이 커진다. 엄마가 지나친 죄책감을 가지고 아이를 대하는 것도 문제이지만, 아이가 극도로 불안한 감정을 느끼게 하는 원인부터 고쳐나가야 한다.

부정적인 정서를 낮추고 긍정적인 행동을 강화하라

아이가 화를 낼 때 엄마는 감정에 치우치지 말고 차분히 대처해야 한다. '나 왜 낳았어?, 나 주워 왔어?, 나 사랑하지 않지?'와 같은 질문을 쏟아내는 아이는 대부분 애정이 부족해서다. 아이는 모진 말과 거친 행동을 통해 자신의 감정을 알아달라는 메시지를 엄마에게 던지는 것이다. 이는 집안 어른과 소통이 원활하지 못한 아이에게서 많이 나타나는 현상이다.

엄마는 아이가 떼를 쓰고 말을 듣지 않아 화가 난다 하더라도 아이에게 절대로 해서는 안 되는 말이 있다. '집에서 쫓아낸다, 내 자식이 아닌 것 같다, 너희 때문에 내가 못살겠다'와 같은 말을 엄마가 아이에게 쏟아낼 때 아이는 극심한 불안에 빠진다. 엄마는 아무 생각 없이 하는 말이라도 아이에게는 정서적으로 큰 위협이 될 수 있다. 실제로 떼쓰고 말을 듣지 않는 아이에게 험악한 말을 한마디 하면 고분고분해지는 경우가 종종 있다. 엄마는 진심으로 화가 나서 말을 내뱉기도 하지만, 아이와의 갈등 상황을 모면하기 위해 입버릇처럼 아이에게 상처 주는 말을 하기도 한다. 엄마의 이러한 말투는 아이에게 상상 이상의 불안감과 공포를 심어줄 수 있기 때문에 절대로 해서는 안 된다.

아이의 화를 다루기 위해서는 먼저 아이가 어른에 대해 가지고 있는 부정적인 정서를 낮추고 안정감을 줘야 한다. 화가 난 아이는 엄마가 미안하다고 하면 풀리는데, 이는 엄마가 아이에게 반응해주고 맞춰주는 모습을 보면서 아이의 마음이 놓이기 때문이다. 하지만 여전히 아이의 마음속에는 '지금은 엄마가 미안해하지만 나중에 나를 싫어할지도 몰라.' 하는 감정이 공존한다. 상반되는 두 마음이 계속되면 아이의 불안감은 커질 수밖에 없다. 이처럼 항상 불안해하는 아이에게 안정감을 주기 위해서는 엄마의 명확한 규칙과 일관된 양육 태도가 필요하다.

아이를 야단치는 것이 무조건 나쁘고 아이에게 상처를 주지는 않는다. 아이가 야단맞을 행동을 했을 때 적절한 훈육을 하면 아이도 자신의 행동에 따른 결과를 예측할 수 있으며, 자신의 행동에 따른 결과 예측이 가능해짐에 따라 불안이 줄어들고 안정을 찾게 되는 것이다. 아이가 생각하기에 분명히 꾸중 들을 행동을 했는데, 어떤 날은 혼나고 또 다른 날은 혼나지 않으면 아이는 혼란스러워진다.

아이가 잘못했을 때는 야단을 맞고 잘했을 때는 긍정적인 피드백과 칭찬을 받아야 어른에 대한 신뢰감이 생긴다. 또, 가정 내에서 규칙을 세우고 아주 사소한 문제라도 원칙대로 할 때 아이는 어른을 부정적인 시각으로 바라보지 않는다. 여기에 긍정적인 행동과 칭찬 등으로 아이와의 친밀감을 높이고 관계를 회복하기 위한 노력이 함께한다면 아이의 문제 행동은 충분히 개선될 수 있다.

그렇다면 또 다른 어른인 조부모와의 갈등은 어떻게 풀어야 할까? 할머니는 엄마를 못살게 구는 손자, 손녀를 보면 부아가 치밀어 자신도 모르게 아이들에게 호통을 치거나 아이들을 꾸짖는다. 아이에게 부정적인 피드백을 주면 아이는 억울하다는 미명 아래 더 비뚤어진 행동을 하고 이로 인한 할머니의 잔소리가 계속되는 등 악순환이 반복된다. 이때는 엄마가 아이와 할머니 사이에서 중심을 잡아주는 게 중요하다. 엄마는 할머니가 아이의 말과 행동을 부정하기 전에 아이의 말을 귀 기울여 들을 수 있도록 도와줘야 한다.

부모가 빠른 시일 내에 가정 내의 문제를 해결할 수 없다면 가정 불화에서 시작된 아이의 화를 다루기 위한 구체적인 방안을 먼저 모색해야 한다. 가정 문제로 인해 아이에게 쌓인 상처는 아이의 성장에 걸림돌이 될 수 있다. 아이가 엄마나 아빠와 떨어져 살고 있다면 정기적으로 만날 수 있는 시간을 마련해줘야 한다. 또한, 아이에게 엄마와 아빠가 절대로 아이를 잊은 게 아니라는 것을 보여줘야 한다. 부모의 이혼 의사가 없을 때는 언젠가는 함께할 것이라는 믿음을 주는 것이 좋다. 하지만 분명하지 않을 때는 관계 회복을 위해 애쓰고 노력하는 모습을 아이에게 보여주는 것이 필요하다. 어른들에 대한 불신의 시작은 가족의 부재에서 나온다. 아이에게 부모 모두에게 보호받고 있다는 안정감을 줄 때 아이의 가슴속에 억눌려 있는 화도 차츰 누그러진다.

아이가 가진 어른에 대한 부정적인 정서를 낮추면서 아이와의 친밀감을 회복하기 위해 노력한 다음에는 아이를 집중적으로 관찰하고 아이의 의도를 파악할 필요가 있다. 즉, 화내고 분노하는 감정의 이유를 들여다보는 것이다. 이를 통해 아이는 평소에 드러내지 않았던 감정을 내보이기도 하는데, 공부하기 싫다고 떼만 부리던 아이가 엄마에게 공부가 왜 하기 싫은지 그 이유를 짜증이 아닌 말로 설명한다. 진이는 여느 아이들보다 지나치게 공부를 싫어했는데, 그 이유를 살펴보니 또래 친구들에 비해 읽기 능력이 부족해서 문제를 잘 이해하지 못했기 때문이었다. 아이가 화를 내는 데에는 다 이유가 있다. 하지만 엄마가 아이와 신뢰를 제대로 쌓지 못하면 아이가 문제 행동을 보이는 이유를 알 길이 없다. 엄마가 아이의 마음을 충분히 다독이고 공감해주면 아이 또한 안정감을 찾고 문제 행동에서 벗어날 수 있다. 엄마는 아이가 자신의 감정을 화가 아닌 말로 표현할 수 있도록 도와줘야 한다.

아이의 감정에 공감하면서 함께 이루어져야 할 것은 훈육이다.

화내는 아이 앞에서 엄마가 먼저 포기하면 안 된다. 아이가 엄마에게 함부로 한다고 화를 내서도 곤란하다. 엄마가 감정적으로 행동하면서 마음의 조절력을 잃게 되면 아이와의 기 싸움에서 절대 이길 수 없다. 훈육을 제대로 하기 위해서는 엄마의 마음가짐이 중요하다. '왜 내 아이만 그럴까?' 하는 생각을 하면서 다른 집 아이와 비교할 필요도 없다. 겉으로 드러나지 않을 뿐이지 어느 집이나 아이를 키우면서 문제 상황을 겪고 있다. 진이 남매처럼 엄마가 먼저 미안해하고 죄스러워한다면 제대로 된 훈육이 이루어질 수 없다. 엄마는 나름의 원칙을 가지고 아이에게 맞는 훈육을 만들어나가야 한다. 아이가 변하지 않을 것이라고 지레 겁먹거나 의기소침하지 말자. 부모의 역할은 아이를 올바른 길로 이끄는 것이다. 그 과정에서 힘들고 두렵다고 포기하는 부모는 없다. 아이와 기 싸움에서 먼저 화내지 말고 바람직한 길을 선택해주는 길잡이가 되어야 한다. 아이가 잘 따라오면 격려해주고, 그렇지 못하더라도 인내심을 가지고 제대로 이끌어줘야 한다.

칭찬 스티커 등을 활용하여 아이의 긍정적인 행동을 강화시킴으로써 문제 행동을 개선하는 것도 좋은 방법이다. 칭찬 스티커를 활용하면 아이는 스스로 칭찬받을 거리를 찾아내며 커다란 변화를 보인다. 이처럼 칭찬 스티커는 아이 스스로 문제 행동을 줄여나갈 수 있는 매우 효율적이면서도 효과가 큰 방법이므로 활용해보도록 하자.

엄마의 마음이 편안해지면 표정에서도 읽을 수 있다. 이러한 엄마의 온화한 표정을 보면 아이도 안정을 찾고 온순해지기 마련이다. 태어날 때부터 다양한 표정을 짓는 아이는 없다. 엄마가 어떤 시선으로 아이를 보느냐에 따라 아이의 표정은 새로이 만들어진다. 엄마가 아이를 보며 환하게 웃어주는 것만으로도 아이는 엄마의 사랑을 느끼며 건강하게 성장할 수 있다.

어른들이 미워요

5살 서준이는 심심해 죽겠다는 말을 평소에 입에 달고 사는 아이다. 집에서나 밖에서나 이리 뛰고 저리 뛰며 잠시를 가만있지 못하며 남녀노소를 불문하고 장난을 치는 개구쟁이다. 엄마는 혼자 돌아다니면서 여기저기 기웃거리고 참견하는 아이를 보면서 걱정이 이만저만이 아니다. 에너지가 지나치게 차고 넘쳐 아이가 혹시나 나쁜 일이라도 당할까 봐 신경이 쓰인다. 낯가림도 전혀 없어 세상 무서운 줄 모르고 까부는 통에 동네에서도 이미 소문이 자자하다.

문제는 아이가 무언가가 자신의 뜻대로 되지 않았을 때는 무섭게 돌변한다는 것이다. 화만 났다 하면 어른들에게 거친 표현을 불사하고 제멋대로 행동하며 자신의 의견이 관철될 때까지 통제 불능이 된다. 평소에는 애교 많고 사람들과 잘 어울리고 주목받는 것을 좋아하는 활발한 아이인데 왜 화만 나면 전혀 다른 아이가 되는 걸까? 엄마는 지나치게 활동적인 아이를 통제하지 않고 내버려둔 게 나쁜 영향을 미친 것은 아닌지 고민이 된다.

한시도 가만히 있지 않아 같이 있는 사람들의 혼을 쏙 빼놓는 아이가 있다. 천방지축 행동반경이 넓은 아이를 양육할 때는 엄마도 신경이 날카로워진다. 아이가 언제, 어디서, 어떻게 사고를 칠지 모르기 때문이다. 엄마가 아이를 일일이 감시할 수 없기 때문에 걱정되는 마음에 자주 잔소리를 하고, 엄마도 모르는 사이 피곤하고 지쳐 아이에게 '안 돼, 하지 마'라는 말을 입버릇처럼 하게 된다. 심하게 장난을 많이 치는 아이는 어른들을 전혀 무서워하지 않아서 아이를 쫓아다니면서 말리는 것도 한계가 있다.

특히 맞벌이 부부는 아이에게 신경을 써주기 힘들 때가 많다. 맞벌이 가정은 보통 아이를 조부모가 돌봐주는데, 엄마, 아빠보다 관대한 편인 할아버지, 할머니에게 아이는 거친 행동이나 말을 서슴지 않는다. 잘 놀다가도 한순간 마음에 들지 않는 일이 생기면 심통을 부리거나 욕설을 퍼붓는다. 아이는 이러한 버릇없는 행동을 가족뿐만 아니라 낯선 사람에게도 보인다. 아이를 밖에 데리고 나갈 때마다 경계 태세를 갖춰야 하는 부모로서는 지치고 힘들 수밖에 없다. 천사 같은 얼굴을 했다가도 악을 쓰고 울고, 또 언제 울었냐는 듯이 갑자기 놀이에 빠져드는 아이의 롤러코스터 같은 행동의 이면에는 분명히 이유가 있다. 따라서 부모는 아이가 표현하지 못하는 속마음을 읽어줄 수 있어야 한다. 아이가 과도한 행동을 하면서 불안한 증세를 보이는 이유는 부모와의 애착 형성이 제대로 되어 있지 않기 때문이다. 집에서 함께 생활하는 가족들과의 관계가 밖에서 만나는 낯선 사람들과 다를 바 없으면 아이의 불안감은 극대화된다.

아이가 소란을 피우거나 문제를 일으킬 경우에만 부모가 반응하다 보면, 아이는 부모의 관심을 끌기 위해 이해할 수 없는 행동을 보이기도 한다. 저녁을 멀쩡히 잘 먹다가 갑자기 배가 아프다며 꾀병을 부리는 것은 아이가 부모의 관심을 끌기 위해 사용하는 가장 흔한 방법 중 하나다. 서준이의 경우 엄마, 아빠의 애정에 목말라 있었고 온 집안을 뛰어다니며 엄마, 아빠가 자신을 봐주기를 바라고 있었다. 서준이는 끊임없이 엄마의 관심을 갈구하지만 엄마는 서준이를 혼낼 때만 쳐다보고 그 외 대부분의 시간은 서준이에게서 멀어져 있었다. 이처럼 아이는 자신을 가장 사랑해야 할 사람이 자신을 외면하는 것에 대해 큰 불안감을 느끼며, 유일하게 관심을 끌 수 있는 수단인 문제 행동을 지속한다.

이는 맞벌이 가정에서 흔히 볼 수 있는 풍경으로 엄마가 아이의 넘치는 에너지를 받아줄 여력이 없거나 힘들어하는 데에서 비롯된다. 엄마가 직장에 다니면서 집안일까지 해야 하니 아이와 놀아주는 것이 노동이 될 때도 있다. 그러다 보면 차라리 혼자 잘 노는 아이가 고마울 정도다. 아빠마저 아이와 놀아주는 것에 그다지 큰 관심이 없으면 집에서 아이가 느끼는 소외감은 상당하다. 이로 인해 아무리 자신을 낳아준 엄마, 아빠라 할지라도 낯선 사람과 다를 바 없게 느껴지고, 아이는 엄마, 아빠와 함께 있을 때조차도 불안한 모습을 보인다. 하루 종일 아이와 단 둘이 있는 엄마라도 아이를 돌보는 일을 다른 사람(할머니나 도우미)에게 맡긴다면 똑같은 상황이 발생한다. 아이는 자신을 돌보는 사람에게 편안한 마음이 들기 마련인데, 엄마가 그 역할을 하지 않으면 아무리 '엄마'라도 떼를 쓰고 울기를 반복한다.

엄마는 상황이 여의치 않더라도 아이와 함께하는 시간을 늘리고 아이 주변에서 일어나는 모든 일에 반드시 관여해야 한다. 그리고 아이에게 끊임없이 애정 표현을 해야 한다. 그래야만 엄마와 아이 사이에 바람직한 애착 형성이 진행될 수 있다. 아이가 문제를 일으킬 때만 바라보는 방임형 부모는 양육 태도를 전면 수정할 필요가 있다.

Goodbye 청개구리
아이의 행동 하나하나에 집중하고 칭찬하라

사람을 좋아하는 아이에게 필요한 것은 애정과 관심이다. 서준이 곁에는 늘 가족이 있었지만 엄마는 집안일을 하느라 바쁘고 아빠는 텔레비전 보고 형은 게임만 했다. 집이라는 같은 공간에 있음에도 불구하고 아무도 서준이에게 관심을 가져주지 않았다. 관심받기를 좋아하는 5살 아이에게 애정 어린 눈길을 주는 가족이 없었던 것이다. 하지만 이렇게 무관심한 가족들이 아이가 부정적인 행동을 할 때만은 즉각적인 피드백을 보였다. 이는 아이로 하여금 부정적이더라도 가족들의 반응을 얻기 위해서는 문제 행동을 보여야 한다는 잘못된 인식을 심어줬다.

부모는 아이의 문제 행동 자체에만 주목하지만 근본적으로 아이의 행동은 부모에게서 시작된다. 따라서 부모는 아이를 대하는 태도부터 바꿀 필요가 있다. 우선 아이를 바라볼 때 부정적인 시선을 줄이고 긍정적인 관심을 늘려야 한다. 또한, 아이의 긍정적인 행동에 관심과 칭찬을 주고 아이의 사소한 행동 하나하나에 집중하면서 아이에게 신경 쓰고 있다는 것을 보여주는 게 좋다.

아이는 놀이를 통해 자신의 내면을 드러낸다. 그래서 아이의 심리를 알아보는 데 놀이 평가가 유용하게 쓰인다. 놀이 치료를 할 때 평소에 잘 놀아주지 않던 엄마가 갑자기 놀자고 하면 아이는 어떤 반응을 보일까? 이러한 낯선 상황을 순순히 받아들이는 아이는 드물다. 엄마의 관심은 아이가 늘 바라던 바이지만 엄마의 갑작스러운 변화는 아이에게 두려움을 줄 수 있다. 서준이처럼 화가 많은 아이는 어른에 대한 불신이 크고 가족들에게서 부정적인 피드백을 많이 받아왔기 때문에, 스스로를 나쁜 아이라는 틀 안에 가두고 사고뭉치처럼 행동하는 경향이 있었다. 엄마는 좀 더 적극적으로 아이와의 놀이에 집중하면서 아이의 행동에 관심을 가지는 모습을 보여야 한다. 특히 아이의 관심사에 대해서는 과하다 싶을 정도로 반응해도 좋다. 아이가 처음에는 엄마와의 놀이를 불편해하고 간혹 문제 행동을 보이더라도 점차 시간이 지나면서 엄마의 진심을 알게 될 것이다.

아이와 관계가 좋아지면 아이는 엄마에게 좋은 에너지를 준다. '우리 아이가 나를 이렇게 좋아하고 필요로 해.' 하는 생각이 들면 엄마의 행복 호르몬은 점점 상승한다. 아이가 엄마에게 비타민 같은 존재가 될 기회를 가지고 연습할 수 있도록 아이를 양육해야 한다. 엄마가 아이를 향해 항상 따뜻한 시선을 보내야 엄마의 긍정 에너지가 높아진다는 것을 기억하자.

아이의 문제 행동을 통제하지 못하는 엄마는 대개 기분에 따라 훈육하는 태도를 가지고 있다. 이러한 부모는 아이에게 무관심한 '방임형 부모'라 할 수 있다. 예를 들어, 아이에게 텔레비전을 그만 보라고 잔소리한다 치자. 엄마 자신에게 큰 불편함을 주지 않으면 아이가 텔레비전 시청을 멈추든 그렇지 않든 상관이 없다. 하지만 엄마가 보고 싶은 텔레비전 프로그램이 있으면 이 상황은 새로운 국면을 맞는다. 엄마는 텔레비전을 그만 보라고 아이를 다그치면서 채널을 돌려버릴 수도 있다. 서준이 엄마 또한 상황에 따라 아이를 혼내기도 하고 묵인하기도 했던 양육 방식이 문제였다. 이렇게 자신의 기분에 따라 아이를 통제하는 양육 태도는 당장 바꿔야 한다.

엄마가 스스로 훈육의 기준점을 찾고 규칙을 정하면 그동안 자신이 아이를 대했던 방식에 놀라게 된다. 굳이 아이를 혼내지 않아도 되는 상황에서도 화를 내는 자신을 발견하기 때문이다. 아이를 타일러도 되고 권유해도 되는데 막무가내로 소리쳤던 순간이 눈에 보이는 것이다. 그리고 아이와 미리 약속과 규칙을 정하면 갈등을 겪을 일이 줄어든다는 사실도 깨닫는다. 예를 들어, 아이와 함께 계획표를 짜면서 텔레비전을 보는 시간과 보지 못하는 시간을 규정지을 수 있다. 아이와 엄마가 약속을 잘 지키면 서로 신뢰를 쌓을 수 있음은 물론이다. 다만, 아이는 집중력이 짧기 때문에 엄마가 중간중간 "잘했어!"라고 칭찬하면서 아이에게 관심을 보이고 아이가 약속을 지킬 수 있도록 격려하는 것도 중요하다.

부모는 방관자가 되어서는 안 된다. 아이의 문제 행동을 적극적으로 나서서 해결하려 하지 않는다면 이는 아이를 방치하는 것과 다르지 않다. 아이를 무조건 받아주는 것도 문제이지만 아이에게 너무 무관심한 것도 문제다. 아이를 안아주고 칭찬해주고 반대로 잘못을 했을 때는 눈물을 쏙 빼놓을 정도로 냉정해져야 하는 게 바로 부모다. 아울러 부모 또한 스스로 변하기 위해 노력해야 한다. 아이에게 눈을 맞추고 아이와 더 많이 대화하고 직접 행동으로 보여주면 궁극적으로 아이에게 큰 믿음을 줄 수 있다.

아이의 문제 행동을 바로잡는 것은 부모의 당연한 의무다. 부모는 사소한 것에서부터 아이와의 관계를 새롭게 재정비하겠다는 마음가짐이 있어야 한다. 아이의 문제 행동은 확실하게 잡아야 하고, 칭찬받을 행동에는 적극적으로 호응해야 한다. 훈육이든 칭찬이든 애정과 관심의 결과라는 것을 아이가 느낄 수 있도록 해주는 것이 중요하다.

내 아이를 문제아로 낙인찍고 싶은 엄마는 없을 것이다. 하지만 하루에도 열두 번 아이 때문에 혈압이 오르락내리락하는 엄마는 도대체 아이에게 무슨 문제가 있는 것인지 누가 속 시원하게 대답해 줬으면 좋겠다는 마음이 굴뚝같을 것이다. 기질적으로 충동적인 아이는 대개 규칙을 지키는 것을 어려워하면서 매우 산만하고 한자리에 오래 앉아 있지도 못한다. 화를 내고 떼를 쓰는 아이 못지않게 엄마의 정신을 쏙 빼놓는 청개구리도 엄마를 힘들게 하기는 마찬가지다. 이러한 아이는 엄마가 더욱 신경 써서 보살펴야 한다. 정해진 기준과 규칙 속에서 아이의 행동을 통제하는 것이 필요하다. 단, 그 전에 엄마는 아이의 특징과 기질을 파악해야 한다. 엄마와 아이의 감정 소통 없이 행동만 통제하려 한다면 아이는 평소보다 더 문제 행동을 일으킬 수 있다. 엄마는 좀 힘들더라도 아이가 가지고 있는 성향을 파악한 다음 아이에게 부정적인 감정이 생기지 않도록 작은 부분에서부터 공감 능력을 키워나가는 것이 좋다.

어른들은 아이들에게 꼬리표 달기를 좋아한다. 까불이, 떼쟁이, 고집불통, 징징이… 하지만 아이들은 어른들이 만든 강력한 틀에서 벗어나기 힘들다. 어떤 부모도 우리 아이가 그러한 부정적인 별명이나 꼬리표에 갇히기를 바라지는 않을 것이다. 어른이 만든 틀에서 아이를 빼내는 것이 바로 부모의 몫이다.

화가 많은 아이를 어떻게 하면 좋을까?

1. 아이와 기본적인 애착을 형성하자.

2. 아이의 마음을 알아주되 행동은 통제하자.

3. 아이가 가지고 있는 어른에 대한 부정적인 정서를 낮추고 아이에게 안정감을 주자.

4. 아이를 집중적으로 관찰하고 아이의 의도를 파악하자.

5. 아이를 향한 부정적인 시선을 줄이고 긍정적인 관심을 늘리자.

6. 방임형 부모에서 벗어나자.

03

통제 불능, 나쁜 습관을 고쳐라

제멋대로인 청개구리의 나쁜 습관 바로잡기

아이의 나쁜 습관 때문에 고민하는 엄마들이 많다. 밥을 먹지 않거나 반대로 너무 먹는 아이, 스마트폰이나 게임에 빠져 있고 공부를 싫어하는 아이, 눈만 뜨면 사고 치는 아이 등 제멋대로인 청개구리와의 하루하루는 그야말로 전쟁이 따로 없다. 문제는 한 가지 나쁜 습관은 아이의 성장 과정에서 다른 여러 가지 부분에 영향을 줄 수 있다는 점이다. 그렇기 때문에 어려서부터 아이의 생활 습관을 바로잡아야 한다. 다행히 아이에게 생긴 나쁜 습관의 원인은 가까운 곳에 있어서 부모의 제대로 된 양육을 통해 충분히 고칠 수 있다.

아이가 밥을 잘 먹지 않아서 고민인 엄마들이 많은 가운데, 아이가 너무 많이 먹어서 고민인 집도 꽤 많다. 7살 막내 빈이는 식탐이 지나치게 많다. 빈이는 일어나자마자 "아침 뭐 먹어?", 유치원 다녀오자마자 "간식 뭐야?" 하고 물어보는 등 온통 먹을 생각뿐이며 실제로도 어른만큼 먹는다. 그러다 보니 빈이는 그 나이대의 표준 체중에 비해 7kg이나 더 나간다. 엄마는 먹는 것을 전혀 제어하지 못하는 아이를 어떻게 변화시킬 수 있을지 걱정이 되기 시작했다. 잘 먹는 것을 넘어서 많이 먹기 때문에 생길 수 있는 건강 문제도 염려스러웠다. 게다가 어느 순간 빈이에게 또 다른 문제점이 발견되었다. 비단 음식뿐만 아니라 일상생활 전반에 걸쳐서 자제력이 부족해진 것이다. 내 아이이기에 모든 것을 다 해주고 싶은 마음과 막내라고 오냐오냐하며 키운 게 혹시 문제가 된 걸까? 엄마는 아이에게 어느 부분까지 허용하고 통제해야 하는지 기준을 잡는 게 어렵다. 우선은 음식의 유혹으로부터 아이를 벗어나게 하는 것이 급선무라 생각했고, 그렇게 빈이의 다이어트가 시작되었다.

요즘은 아이가 밥을 잘 먹는다는 게 다른 엄마들에게 부러움의 대상이 된다. 역설적이게도 예전보다 먹을거리가 풍부해진 데 비해 편식하고 입이 짧은 아이가 많아졌다. 아이가 밥을 잘 먹으면서 씩씩하고 건강하게 자라는 것은 모든 부모의 바람이다. 그러나 아이가 너무 안 먹어서 걱정이라는 고민은 빈이 엄마에게는 머나먼 남의 집 이야기일 뿐이다. 손에서 먹을 것이 떨어지지 않는 아이, 하루에도 몇 번이나 배가 아프다고 해서 엄마를 걱정시키는 빈이 때문이다. 엄마로서 인정하고 싶지 않지만 주변 사람들은 빈이를 비만이라고 한다.

엄마는 아이가 스스로 식사량을 조절할 수 있다고 생각했다. 그래서 배가 어느 정도 차면 그만 먹고 음식에 욕심을 부리지 말라고 잔소리를 했다. 하지만 과연 엄마의 지시 사항이 아이에게 잘 받아들여졌을까? 대부분의 아이들은 눈앞에 먹을 것이 있으면 배가 불러도 계속 먹는다. 어떤 아이들은 먹다가 양에 차지 않으면 숟가락을 마다하고 손으로 밥을 먹기도 한다. 이러한 아이에게는 음식이 맛없거나 좋아하는 반찬이 없는 것은 전혀 문제가 되지 않는다. 더구나 배가 고프면 먹고 배가 부르면 그만 먹는 게 아니라 배가 고픈 건지 아픈 건지 제대로 모르고 있다. 아직은 어른들처럼 배꼽시계를 정확하게 판단할 수 있는 나이가 아니기 때문이다.

엄마는 아이가 스스로 음식의 양을 조절하기 힘들다는 사실을 인지하고, 아이에게 먹어야 할 일정량을 정해주고 식사 규칙을 세울 필요가 있다. 또, 다른 아이들에 비해서 식탐이 많고 먹는 것을 자제하지 못하는 경우라면 엄마가 적극적으로 통제를 시작해야 한다. 우선 음식을 숨기거나 음식과의 접촉을 줄이는 것이 가장 효과적이다. 물론 평소에 무방비 상태로 먹는 것에 열중했던 아이에게는 힘겨운 과정일 수 있다. 따라서 엄마가 무턱대고 먹지 못하게 윽박지르면 오히려 역효과가 날 수 있다. 식습관을 개선할 때는 주인공인 아이를 중심에 두어야 한다. 아이가 먹을 간식의 종류와 양을 정할 때는 아이와 함께하는 것이다. 단, 간식의 종류는 아이가 결정하더라도 먹는 양은 엄마가 정한다. 처음에는 먹고 싶은 것을 못 먹게 하고 사고 싶은 간식을 못 사게 하는 것 때문에 아이가 힘들어하고 짜증을 부릴 수 있지만 간식 통제를 통해 아이는 울지 않고 먹는 것, 사는 것을 조절하게 될 것이다.

엄마는 빈이의 몸에 이상이 없는지 살피기 위해 비만 클리닉을 찾았다. 빈이는 표준 체중을 훨씬 넘어서 있었으며 체내 지방량이 표준보다 30% 초과한 상태로 나타났다. 엄마가 보기에는 괜찮은 것 같았던 복부에도 비만이 꽤 진행되어 있었다. 엄마는 적극적으로 빈이의 잘못된 식습관을 바꾸기로 했다.

Goodbye 청개구리
스스로 조절하지 못하는 아이를 위해 규칙을 정하라

비만인 아이에게 음식 조절을 시킬 때 아이가 먹는 것에 대한 유혹을 견디지 못하면 그때부터 엄마와 아이의 다이어트 전쟁이 시작된다. 아이에게 조금 있다 먹으라고 하면 아이는 우는 것으로 불만을 표출하고, 우는 아이를 바라보는 엄마의 마음도 좋지 않다. 먹는 것, 입는 것 무엇 하나 부족함 없이 해주고 싶은 게 엄마 마음인데 아이를 울려가면서까지 식습관을 조절해야 하는 상황이 답답할 것이다.

하지만 아이는 스스로 조절하는 힘이 부족하다. 그러므로 부모가 허용과 통제의 기준을 정해서 아이가 받아들이도록 할 필요가 있다. 삼 남매의 막둥이인 빈이도 그동안 원하는 것은 다 해야 직성이 풀리는 아이였다. 과자든 장난감이든 자신이 원하는 것은 무엇이든 손에 넣어야 했다. 이러한 습관은 자연스럽게 음식 조절에 대한 한계치를 무너트렸다. 이는 단순히 식습관만의 문제가 아니라 생활 전반에 걸친 습관과도 연관이 있다는 것을 의미한다. 엄마는 그동안 쌓여온 빈이의 잘못된 습관을 바꾸기 위해 음식과 장난감의 허용 기준을 정하기로 했다. 아이에게 음식을 얼마나 먹일지, 장난감을 어떻게 사줄지에 대한 기준이었다.

그런데 이와 같은 규칙을 적용하는 과정에서 아이에게 메시지 전달이 정확하게 되지 않아 시행착오를 겪는 엄마들이 많다. 아이에게 메시지를 전달할 때는 구체적이고 분명해야 한다. 그래야만 아이도 엄마의 말을 알아듣고 규칙을 따를 수 있다. 아직 나이가 어리기 때문에 엄마의 말이 길어지거나 메시지에 어려운 단어가 들어가면 아이가 이해하기 힘들어질 뿐 아니라, 아이는 말의 내용보다 엄마의 행동과 표정을 통해 엄마의 속마음을 꿰뚫어 보게 된다. 엄마가 말로는 "안 돼!"라고 하면서도 망설이는 표정을 드러내면 아이가 엄마의 얼굴을 통해 엄마도 고민하고 있음을 읽어낸다. 그러므로 아이가 받아들이기 쉽게 말하되, 말을 할 때 그 내용과 행동,

표정을 일치시켜야 함을 명심하자.

엄마가 지시할 때 말과 행동을 일치시키지 않으면 아이는 혼란에 빠진다. 예를 들어, 아이의 음식에 대한 관심을 줄이기 위해 일부러 장난감 가게에 들어갔는데 장난감을 사주지 않으면서 구경만 하라고 한다면 아이 입장에서는 견디기 힘든 상황이다. 아이가 화를 내면 엄마는 그 상황을 무마시키기 위해 다시 음식으로 아이에게 화해를 청한다. 이는 엄마의 말과 행동이 불일치하는 것이다. 따라서 아이에게만 기준과 원칙을 강요할 게 아니라 엄마 스스로도 중심을 바로 세울 필요가 있다.

빈이는 본격적인 다이어트를 시작했다. 우선 엄마와 아이는 서로가 약속할 수 있는 규칙을 정했다. 다이어트 식단 일기를 쓰고 음식과 장난감 허용 기준을 정했다. 허용 기준치를 정하자 아이의 떼쓰기가 마법처럼 사라졌다.

다이어트 1단계는 아이의 눈앞에서 음식을 없애는 것이다. 간식은 엄마가 정해준 양만 먹고, 아이가 자주 여닫는 냉장고에는 몸에 좋은 음식만 남겨두었다. 그리고 아이가 수시로 꺼내 먹는 음식을 보이지 않는 곳에 숨겨놓았다. 음식을 무조건 먹지 못하게 할 수는 없는 노릇이므로 아이가 먹을 것을 찾을 때마다 견과류나 야채, 과일 등 건강한 간식을 차려줬고, 가끔 아이가 좋아하는 케이크를 한 조각씩 보상처럼 주기도 했다. 엄마는 아이가 먹을 음식 준비에 예전보다 신경을 많이 쓰게 되었다. 무턱대고 먹는 양을 줄이는 대신 아이가 다양한 맛을 느낄 수 있도록 여러 가지 맛의 건강식을 만들었다.

다이어트 2단계는 운동량을 늘리는 것이다. 운동만 하면 지루하기 때문에 공놀이나 놀이터에서 놀기 등 바깥 놀이를 대폭 늘리는 것이 좋다. 특히 아이가 관심을 가지는 운동 하나를 정해 그것을 꾸준히 할 수 있도록 이끌어주도록 한다. 이는 전체적인 생활 습관 개선에도 큰 도움이 된다.

다이어트는 어른들에게도 힘든 일이다. 그러니 아이에게는 너무나 어려운 과제일 수밖에 없다. 아이가 먹고 싶은 것을 참으며 열심히 노력한 부분에 대해서는 반드시 칭찬해야 한다. 빈이는 다이어트를 통해 인내를 배웠고, 엄마가 정한 기준과 예산에 맞춰 장난감을 사면서 자제력을 키웠다. 물론 엄마는 아이가 약속을 잘 지킬 때마다 폭풍 칭찬을 해주는 것을 잊지 않았다.

길거리를 지나다 보면 맛있는 게 너무나 많다. 이러한 유혹을 어린아이가 참기란 여간 힘든 일이 아니다. 아이가 먹고 싶고 사고 싶은 마음을 참다 보면 가끔 엉뚱한 곳에서 터지기도 한다. 형제자매나 친구들과 싸우기도 하고 어른들에게 갑자기 버릇없이 굴기도 한다. 이때는 엄마가 아이의 힘든 마음을 잘 알아주고 보듬어줘야 한다. 그렇다고 마음이 약해져 지키기로 정해놓은 규칙까지 깨는 일이 있어서는 안 되며 인내심을 가지고 아이를 기다려줄 줄 알아야 한다. 엄마의 말을 아이가 귀담아들으려면 먼저 엄마와 아이가 친해져야 한다. 엄마가 하루도 빠짐없이 아이와 함께하는 시간을 만들어가다 보면 아이와의 소통 또한 원활해진다. 엄마가 진실된 마음으로 다가가야 아이의 마음의 문이 열린다. 습관을 바꾸는 일은 아이에게 매우 어려운 문제이지만, 이 시기에 꼭 바로잡아줘야 할 과제이기도 하다. 아이의 변화는 저절로 이루어지는 것이 아니므로 엄마의 도움의 손길이 반드시 필요하다는 것을 기억하자.

편식대장의 비밀

"고기 싫어!" "야채 싫어!"

5살 아라는 편식대장이다. 지독한 편식쟁이 아라 때문에 엄마는 식사 시간이 고역이다. 엄마는 아이의 편식을 고치기 위해 다양한 노력을 시도했지만 번번이 실패하고 아이의 편식 습관은 날이 갈수록 심해지기만 한다. 게다가 아주 작은 일에도 짜증이 심하고 조금만 불편하면 참지 못하는 등 아이의 행동마저 나빠지고 있다. 아라는 이유 없이 징징대면서 마치 엄마가 해결사인 것마냥 모든 것을 엄마에게 미룬다. 아라처럼 예민하고 까다로운 아이의 기질이 편식하는 습관에도 영향을 주는 걸까?

과연 어떻게 하면 아이가 건강하게 밥을 먹을 수 있는지, 편식은 고치기 힘들다던데 아이를 길들일 수 있는지, 아이의 식습관을 변화시키기 위해 엄마는 어떤 노력을 해야 하는지 등 아이에게 올바른 식습관을 길러주는 문제는 대부분의 엄마들에게 힘겨운 숙제다. 밥을 다 차려놓았는데 아무리 불러도 식탁으로 오지 않는 아이, 밥 먹으라고 하면 배가 아프다는 아이, 싫어하는 음식을 절대 먹지 않는 아이, 돌아다니면서 밥을 먹는 아이 등 올바르지 못한 식사 습관을 가진 아이는 매우 많으며, 그만큼 엄마의 스트레스도 크다. 그중 편식은 엄마에게 가장 큰 고민거리다. 성장기 아이에게 필요한 영양소를 충분히 공급해주고 싶은 게 엄마의 마음인데, 아이가 골고루 먹지 않으니 아이의 건강한 성장에 적신호가 켜질까 걱정이다. 평소에 먹지 않는 것을 좀 먹이려 들면 아이는 밥을 먹지 않겠다고 떼를 쓴다. 언젠가는 먹겠지 하며 기다려보기도 하지만 아이의 편식 습관은 점점 더 나빠지기만 한다.

부모가 아이를 제대로 훈육하지 못하면 아이의 나쁜 습관은 절대 고쳐지지 않는다. 뿐만 아니라 부모는 아이의 눈물에 마음이 약해지기 쉬운데 이럴수록 아이에게서 변화를 기대하기는 더욱 어렵다. 아라 엄마의 경우에도 고기와 채소를 유독 싫어하는 편식대장인 아라의 식습관을 바꾸려는 의지보다는, 아이에게 모든 것을 양보하면서 아이가 하자는 대로 따라다니기만 했다. 대부분의 엄마들은 할 일이 산더미처럼 쌓여 있더라도 아이가 엄마를 찾으면 만사 제쳐놓고 아이의 장단에 맞춰주고 있으며, 아이의 두뇌 및 성장 발달을 위해 이 정도 희생은 감수해야 한다고 믿고 있다. 하지만 이러한 부모의 무한한 애정 공세 속에서 아이는 습관을 고쳐야 할 당위성을 찾지 못하며, 엄마의 약한 마음을 역이용함으로써 나쁜 습관이 악화된다.

아라 엄마는 아라에게 '밥 먹고 사탕 먹기'라는 규칙을 정해줬다. 하지만 아이 앞에서는 한없이 약해지는 엄마의 마음을 꿰뚫어 보는 아이는 목청껏 울어대며 엄마가 항복하기를 기다렸다. 문제는 그다음에 있었다. 이와 같은 생활이 반복되면 밥도 밥이지만 아이는 모든 것을 자기 마음대로 하려 들면서 '천상천하유아독존'이 된다. 아이의 식습관뿐만 아니라 일상생활 자체가 망가지게 되는 것이다. 어린이집에 가기 싫다고 울면 가지 않아도 되고, 기분이 좋다가도 갑자기 화가 나면 마구 짜증을 내도 엄마가 들어주니 아이는 배려나 참을성을 전혀 배울 수 없다. 이러한 부모의 양육 태도는 조금만 불편해도 참지 못하는 아이의 성격을 초래한다.

어떤 아이는 억지로 음식을 먹다가 제대로 넘기지 못하고 토하기도 한다. 엄마는 그러한 아이의 모습이 안쓰러워 편식 고치기를 지레 포기한다. 하지만 아이의 행위 자체에 큰 의미를 두면 나쁜 습관을 고치기 힘들다. 아이가 실제로 토하는 행위는 그 음식을 절대로 받아들이기 싫어서가 아니라 먹기 싫어서 억지를 부리기 때문인 경우가 많다. 그렇다고 해서 무작정 아이의 고집을 꺾으라는 게 아니라, 아이가 거부 반응을 보일지라도 잘못된 식습관을 충분히 고칠 수 있다는 마음을 가지라는 것이다.

집에서는 밥 먹으라고 사정사정해도 일절 먹지 않던 아라는 신기하게도 어린이집에서는 평소 싫어하던 채소나 고기를 잘 먹고 있었다. 이처럼 다른

장소에서는 편식하는 버릇이 없는데 유독 집에서만 편식을 한다면 더더욱 부
모의 양육 태도를 되돌아볼 필요가 있다.

아라는 어린이집에서 밥도 잘 먹고 선생님 말도 잘 따르지만,
집에 와서는 180도 변신하여 자기가 싫어하는 음식은 절대 입에 대
지 않으며 투정을 부린다. 아이는 왜 같은 음식에 상반된 태도를 보
이는 걸까? 아라와 같은 성향을 보이는 아이는 단순히 편식에서 문
제를 찾을 것이 아니라 아이의 일상생활과 성장 환경을 들여다볼
필요성이 있다. 흔히 과도한 애정을 받고 자란 아이의 경우 환경이
조금만 변해도 적응하는 데 어려움을 겪는다. 부모가 아이의 모든
행동에 일일이 반응하고 맞추고 해결사가 되면서, 아이는 낯선 환
경과 친구를 싫어하고 불편해하며 생활 속에서 자기 주도성을 배우
지 못한다. 아이가 유독 징징거리고 편식을 한다면 이는 과도한 애
정을 쏟는 양육 태도 때문일 수 있다.

양육에 있어 엄마의 의지가 아이에게 제대로 전달되는 것은 매
우 중요하다. 의사 전달은커녕 단호함 하나 없이 아이에게 제발 먹

117

어달라며 부탁하고 아이의 눈치를 보는 엄마는 분명 문제가 있다. 엄마는 아이가 가지고 있는 나쁜 버릇을 해결하는 데에 어쩔 수 없이 따라오는 과정인 아이의 투정을 견디기 힘들어한다. 이로 인해 아이는 불편한 감정을 이기는 방법을 배울 기회를 놓치게 된다.

이와 같은 아이에게는 우선 나이에 맞게 참는 법을 가르쳐야 한다. 대부분의 부모들은 소중한 아이를 위해서 모든 것을 아이 중심으로 맞추는 것이 아이를 위한 일이라고 오해하는 경향이 있다. 하지만 부모가 아이에게 쩔쩔매는 동안 아이는 싫은 것을 단 1초도 참지 못하는 징징이가 되어 있을 것이다. 그러므로 부모는 무조건 아이의 말을 들어줄 게 아니라 아이의 성장에 맞춰 참는 능력을 길러줘야 한다. 아이는 짜증이 난다든지, 불편하다든지 하는 감정을 참고 조절하는 법을 배우며 성장해야 한다. 아이의 감정에 부모가 일일이 반응하면 아이가 예민해지고 감정을 참거나 자제할 수 있는 능력이 발달하지 않을 가능성이 있다.

아이가 힘든 상황을 겪거나 좌절할 때 엄마가 먼저 해결해주려고 나설 경우 아이에게 좌절을 이겨내는 면역력이 생기기 힘들다. 아이가 앞으로 성장하면서 수없이 겪게 될 또 다른 좌절 상황을 견디지 못하고 중도에 포기하거나 두려워할 수 있다. 따라서 엄마가 먼저 알아서 해결해주는 것보다 아이가 상황에 대한 감정을 여실히 드러낼 수 있도록 도와줘야 한다. 이는 엄마가 아이와 함께 반응해주는 것에서부터 시작할 수 있다. 힘든 상황을 인정하고 이해하며 앞으로 어떻게 해야 할지 방향만 제시하면 된다. 속으로 앓지 말고 겉으로 드러내야 치유가 되듯이, 자신의 감정이 정확히 무엇인지, 왜 힘들고 마음이 아픈지 아이 스스로 느끼고 견딜 수 있도록 하는 게 좋다.

아이가 이유 없이 징징대면 적당히 무시하자. 아이에게 화를 내거나 아이를 야단치는 것보다 무시하는 게 훨씬 더 효과적이다. 아이가 화를 내며 방문을 닫고 들어가더라도 당장 뛰어가 문을 열고 싶은 마음을 꾹 참고 아이가 스스로 짜증을 해결할 수 있도록 기다릴 줄 알아야 한다. 이 과정에서 아이는 때로는 혼자 참고 풀어야 하는 감정도 있다는 것을 배우게 된다. 또한, 엄마는 먹이겠다는 의지를 담아 아이에게 음식을 권해야 한다. "먹을까?"가 아니라 "먹자!"라고 말투를 살짝 바꾸면 미묘한 차이일지라도 엄마의 단호하고 힘 있는 태도에 아이의 편식이 조금씩 줄어들 수 있다.

그렇다면 편식은 어떻게 고칠 수 있을까? 우선 아이가 식품의 촉감을 느끼고 조금씩 맛을 보면서 먹지 않던 음식에 대한 거부감을 줄여나갈 수 있게 해야 한다. 그리고 아이가 직접 요리를 배우는 것도 도움이 된다. 아이가 고기 씹는 질감을 싫어한다면 부드러운 식감을 느낄 수 있는 조리법을 연구하고, 특정 재료를 먹지 않는 아이에게는 다른 재료에 아이가 싫어하는 재료를 섞어 음식을 만들어주는 것도 한 방법이다. 아이가 싫어하는 음식 때문에 밥 먹기를 거부한다면 단호한 방법을 사용하는 것이 필요하다. 예를 들어, 식사 시간을 30분으로 정해놓았음에도 불구하고 아이가 시간 내에 밥을 먹지 않으면 단호하게 식탁을 치우는 것이다. 무슨 일이 있어도 제시간에 식사를 해야 한다는 규칙을 세우면 아이가 처음에는 어려워해도 점차 규칙을 따르게 된다. 아이에게 주는 간식을 줄이고 오로지 식사 시간에 충실할 수 있도록 하는 방법도 도움이 된다.

아이는 감정덩어리다. 어리면 어릴수록 감정만으로 이루어진 존재이기 때문에 부모와 아이의 감정이 제대로 소통되지 않으면 부모는 아이를 키우는 데에 어려움이 커질 수밖에 없다. 따라서 부모는 자신이 느끼는 다양한 감정을 아이와 함께 교류할 수 있어야 한다. 감정을 잘 소통하는 일은 짧은 시간에 되는 것이 아니라서 부모의 지속적인 노력이 필요하다. 아이는 성장하며 많은 것을 배우고 다양한 감정을 느껴야 한다. 부모가 아이의 마음을 세세하게 알아주면 아이는 불편한 감정을 덜 수 있지만, 그 정도가 지나치면 오히려 아이의 참을성이 결여될 수 있다. 부모는 아이가 좋은 것과 안 좋은 것 모두를 배울 수 있게 균형을 맞추는 역할을 해야 한다.

산이는 공부하는 게 죽기보다 더 싫다는 험한 말을 서슴없이 내뱉는다. 핑계란 핑계를 있는 대로 다 대며 미루고 싶은 게 바로 숙제다. 산이네 집에서는 밤 10시가 넘도록 엄마와 산이가 잠도 못 자고 공부 때문에 실랑이를 벌이는 광경이 자주 벌어진다. 엄마는 채 30분도 책상 앞에 앉아 있지 못하는 아이를 보면 화가 난다. 공부를 지독히도 싫어하고 집중력이 현저히 떨어지는 산이에게 과연 어떤 문제가 있는 걸까? 산이는 처음에는 단순히 공부가 싫다고 투정 부리는 정도에 그치다 요즘에는 친구가 한 숙제를 베끼거나 책을 집어던지는 등 나쁜 습관이 늘어났다.

대부분의 아이들이 공부를 놀이처럼 재미있어하지는 않지만 산이처럼 공부를 완강히 거부할 경우에는 '공부'라는 것에 아이를 불안하게 만드는 요소가 있을 수 있다. 공부를 극심하게 싫어하는 아이, 어디서부터 문제를 풀어나가야 할까?

아이가 공부하기 싫다고 선전포고를 하면 엄마는 내심 당황할 것이다. 그리고 그때부터 아이와 신경전을 펼치게 된다. 엄마를 더욱 화나게 하는 것은 아이의 태도다. 공부를 싫어하는 아이는 일단 핑계거리를 찾는다. 책만 펼치면 딴전을 피우거나 엄마가 잠시 한눈이라도 팔면 책상 앞에 가만있지 못하고 돌아다닌다. 아이는 무언가가 자신의 마음에 들지 않으면 하던 숙제를 내팽개쳐버리기 일쑤다. 억지로 책상에 다시 앉혀도 10분을 버티지 못하는 아이는 대부분 무엇을 해야 할지 모르는 경우가 많다. 물론 미취학 아동이나 초등학교 저학년 아이는 아직 공부보다는 놀이에 집중할 나이다. 하지만 공부 습관을 잡아주는 것은 이때부터 시작해야 한다. 이 나이대에는 공부에 대한 개념을 세우고, 인내심을 기르며, 생활 규칙을 습득하는 게 좋다.

요즘 엄마들은 아이의 공부에 대한 관심이 과한 경우가 많다. 설사 아이가 엄마가 유도하는 대로 잘 따라오지 못한다 할지라도 엄마의 의지대로 아이에게 공부를 시킨다. 아이는 아직 꿈나라에 빠져 있는데 이른 아침부터 영어 동요가 울려 퍼지는가 하면 아침 공부를 하느라 학교에 늦기도 한다. 정작 아이는 듣는 둥 마는 둥 무관심한데 엄마는 온 신경을 아이의 학습에 쏟는다. 그래야만 엄마의 마음이 안정되기 때문이다. 아이가 학교에 가자마자 다녀와서 공부할 거리를 미리 챙기고, 계획표며 교재를 일일이 확인하는 엄마의 모습은 주객이 전도된 느낌이다. 학습의 주체는 아이여야 하는데 엄마가 주도하는 것이다.

하지만 이렇게 엄마가 모든 것을 주도하는 식이면 아이가 자기 시간을 알고 조절하는 능력을 기를 수 없다. 아이의 시간을 엄마가 관리함으로써 어느 학원을 몇 시에 가야 할지 등 아이의 대부분의 시간이 엄마에 의해서 조정된다. 아이가 자기 시간을 모르는 탓에 아이는 내 공부인지 엄마 공부인지 헷갈린다. 물론 아이가 자기 주도적으로 학습을 할 수 있기 전까지는 엄마의 도움이 필요하지만, 이러한 과다한 엄마의 시간 관리가 중·고등학교까지 이어진다는 게 문제다.

학습에 방점을 둔 엄마와 놀이에 방점을 둔 아이 사이에 팽팽한 신경전이 펼쳐지고, 서로 상대가 원하는 것을 해주지 않는 방식으로 끝없는 힘겨루기를 하는 모습을 자주 볼 수 있다. 엄마는 아이가 공부하기 싫어하면 숙제해야 텔레비전을 볼 수 있다는 등의 조건을 걸게 되는데, 이로 인해 아이는 심통을 부리면서 화를 참지 못하고 엄마는 엄마대로 이러한 아이를 혼내고 다그치는 악순환이 계속된다. 산이의 경우 자정까지 이어지는 엄마와의 신경전에 분노를 이기지 못하고 연필심을 부러트리거나 공책을 찢음으로서 화를 표출하며 쉽게 잠들지 못했다. 아이와 씨름하느라 긴 하루를 보낸 엄마도 아이에 대한 안쓰러운 마음에 잠들지 못하는 것은 마찬가지다.

산이처럼 공부에 대해 지나친 거부 반응을 보이는 아이는 생활 환경 속에서 충분한 이유를 찾을 수 있다. 엄마는 아이가 공부를 싫어한다는 문제 자체에 대한 고민을 하기 전에 아이를 대하는 양육 태도와 아이가 느끼는 불안감이 무엇인지 먼저 살펴봐야 한다.

아이의 학습에 지나친 관심을 두는 부모는 대체로 학습을 제외한 다른 부분에서는 느슨한 양육 태도를 보인다. 다시 말해, 공부 이

외에 아이의 다른 습관이나 생활 면에서는 전혀 관심을 갖지 않는 것이다. 하지만 아이의 학습 태도에 관한 문제를 다룰 때는 아이의 일상 규칙을 먼저 들여다볼 필요가 있다. 학습 문제 이전에 평소 생활 규칙과 태도는 어떤지, 부모가 아이가 잘못한 것과 잘한 것을 구별하고 상황에 따라 상벌을 제대로 주는지 등과 같은 전반적인 양육 태도를 돌아봐야 한다.

산이는 학습을 제외한 생활 규칙이 전혀 형성되지 않은 것으로 나타났다. 아무리 아이이지만 초등학생을 엄마가 씻겨주고 옷까지 입혀주고 있었다. 게다가 식사 시간에 밥을 먹는 둥 마는 둥 하며 돌아다니고 장난쳐도 엄마, 아빠 둘 중 누구도 산이를 제지하지 않았다. 씻기, 밥 먹기처럼 아주 간단한 생활 규칙도 제대로 잡혀 있지 않은 아이에 대해 부모는 전혀 문제 인식을 하지 않았던 것이다. 한마디로 말해 원칙이 부재했다.

엄마가 일관성 있는 육아 원칙을 갖고 있지 않으면 아이가 떼를 쓸 때 쉽게 물러나는 양육 태도를 보인다. 이렇게 되면 아이가 집이 아닌 밖에 나가서 지켜야 할 규칙 자체를 인지하지 못하거나 다른 사람과의 적절한 상호 작용이 어려워진다. 같은 말만 계속 반복하는 전달 방식도 마찬가지다. 잔소리는 아이에게 효과적으로 전달되지 않을뿐더러 끊임없이 잔소리를 하는 엄마도 짜증이 날 수밖에 없다. 단순히 학습 자체에 문제가 있는 게 아니라 엄마의 양육 태도가 학습에 영향을 미치고 있으므로, 아이가 극단적인 행동을 보이며 공부에 대해 싫어하는 태도를 보이거나 학업에 문제가 생긴 경우 학습뿐만 아니라 생활 습관을 동시에 바로잡는 것이 목표가 되어야 한다.

학습 및 생활 습관을 동시에 고치기 위해서는 가족 전체가 모여 생활 규칙을 정하고 일과표를 만드는 게 좋다. 그리고 한번 정한 시간은 가능한 한 맞추려고 노력해야 한다. 독서 시간을 30분으로 정했으면 온 가족이 모여 독서를 하거나, 정해진 시간에 식사를 마치는 등의 규칙을 지켜야 한다. 이때 아이가 잘 따라오지 못할지라도 정해놓은 시간 안에 할 일을 마감하는 과감한 행동이 필요하다.

훈육을 잘하려면 보상과 처벌을 적절하게 사용해야 하는데, 허용적인 부모에게는 아이를 야단치는 문제가 매우 복잡하고 어렵다. 이럴 때는 칭찬 스티커 등으로 아이의 긍정 행동을 강화하고 문제 행동은 단호하게 바로잡는 자세가 필요하다. 아이를 양육할 때 단호함은 굉장히 중요하다. 아이에게 ‘나는 여기서 물러서지 않을 것이다’와 같은 태도를 보여주는 것과 같기 때문이다. 단호한 부모가 되려면 말을 자주 바꾸지 않아야 한다. 무언가를 해야겠다고 결심했으면 아이가 실행에 옮길 때까지 뚝심 있게 진행하는 것이 바로 단호함이다.

공부 잘한다는 칭찬을 한 번도 받아본 적이 없는 아이는 심리적으로 늘 불안하다. 이렇게 불안이 높은 아이는 ‘내가 공부를 잘해서 엄마의 인정을 받을 수 있겠다'라고 판단이 되어야 공부를 한다. 하지만 '공부로 칭찬받기에는 너무 힘들다' 하는 생각이 들면 공부를 놓아버리거나 엄마를 원망하게 된다. 엄마에게 인정받고 싶지만 엄마의 기대에 부응하지 못할까 두려웠던 아이의 불안감이 급기야 학습 거부로 나타나는 것이다. 엄마는 아이의 마음을 알아주고 학습 이외의 행동에 대해 칭찬하면서 아이에게서 긍정적인 반응을 이끌어내야 한다. 그렇게 되면 아이가 학습에 대해서도 자신감을 가질 수 있을 것이다. 산이도 집에서 인정받을 기회가 많지 않았다. 엄마, 아빠의 칭찬은 항상 영원한 라이벌인 동생 차지였기 때문이다. 하지만 '매일 30분 온 가족 공부하기' 규칙을 진행하면서 학습 태도가 많이 변했다. 모르면 짜증부터 내던 산이가 아빠의 힌트를 참고 삼아 어려운 문제에 도전하는 발전된 모습을 보였다.

아이가 가장 큰 보상으로 생각하는 것이 무엇일지 부모에게 질문하면, 대개 장난감, 스마트폰, 텔레비전 시청 등의 대답이 돌아온다. 이는 부모가 아이의 마음을 잘 모른다는 것을 단적으로 보여주는 예다. 아이에게 가장 큰 보상은 바로 부모의 관심이다. 부모의 사랑을 먹고 살아가는 아이에게 엄마, 아빠의 인정과 칭찬은 매우 중요하다. 반면, 아이가 제일 무서워하는 것은 부모의 무관심이다. 그렇기 때문에 아이는 부정적일지언정 부모의 관심을 얻을 수만 있다면 문제 행동도 서슴지 않는다. 의식적으로 '엄마, 아빠를 골탕 먹여야지!' 하는 것이 아니라 본능적으로 부정적 관심을 선택하는 것이다. 그런데 부모는 아이의 부정적인 관심 선택에 대해 "애초에 야단맞을 행동을 하지 마. 그러면 긍정적 관심을 줄게."와 같이 반응하여 부모와 아이 사이에 간극이 생긴다.

누구나 중요한 사람에게 인정을 받을 때 큰 행복을 느낀다. 아이에게는 그 중요한 사람이 부모다. '내가 괜찮은 사람'이라는 인식을 처음 심어주는 사람이 부모인 것이다. 그렇기 때문에 아이의 성장에 있어 부모의 인정은 최고의 비타민이다. 부모 입장에서만 생각하지 말고 설사 아이가 부정적 관심을 선택했다 할지라도 아이를 보듬고 바른 길로 이끌어줄 줄 알아야 한다.

스마트폰에 빠진 아이

유난히 혼자 있는 시간을 좋아하는 종현이는 이제 겨우 3살인데도 불구하고 자유자재로 스마트폰을 다룬다. 어른들이 보기에도 종현이의 현란한 손놀림은 예사롭지 않다. 여느 엄마들처럼 아이에게 무심코 스마트폰을 쥐어줬던 종현이 엄마는 아이가 하루 종일 스마트폰을 손에서 놓지 않는 모습을 보며 안타까움과 후회가 크다. 종현이는 친구들과 어울리는 것보다 스마트폰과 노는 것을 더 좋아해서 다른 사람을 만나는 일 자체를 귀찮아하고 다른 놀이에는 전혀 관심이 없다. 밖에 나가는 것도 꺼려 하고 늘 외톨이처럼 혼자 있는 아이를 보면 엄마 마음에 열불이 나다가도 애초에 스마트폰을 아이에게 허락해준 자신을 탓한다. 엄마는 아이의 사회성이 떨어지는 것은 아닌지 걱정도 된다. 스마트폰에 푹 빠진 아이, 과연 스마트폰과 헤어질 수 있을까?

요즘에는 스마트폰에 집착하는 아이로 인해 고민하는 엄마가 많다. 어른도 한번 중독되면 끊기 힘들다는 스마트폰인데, 아직 자신의 의지대로 행동하기 어려운 아이는 스마트폰에 무방비 상태가 될 수 있다. 좋지 않은 영향을 끼칠 것을 알면서도 어쩔 수 없이 아이에게 스마트폰을 줄 수밖에 없는 엄마의 심정이 이해는 되지만, 일단 아이가 제어할 수 없는 지경에 이르기 전에 반드시 단속해야 한다. 특히 아직 제대로 된 의사소통을 할 수 없는 3살 아래의 아이에게는 스마트폰이 치명적일 수 있다. 아이가 스마트폰에 집중하는 시간이 길어질수록 엄마가 생각하는 것 이상으로 스마트폰에 심하게 중독될 우려가 있기 때문이다. 따라서 '설마 우리 아이는 그렇지 않겠지.'라는 안일한 생각에서 벗어나야 한다.

실제로 너무 어릴 때 스마트폰에 빠지게 되면 정상적인 언어 발달에도 문제가 생길 수 있다. 일방적으로 주입하는 영상에 몰입된 아이는 다른 사람과의 의사소통에 어려움을 겪을 수 있고 혼자만의 세계에 빠지기 쉽다. 엄마와 애착 관계를 형성해야 할 영·유아에게 스마트폰은 정서적으로 해가 된다. 따라서 엄마 스스로의 편의를 위해서 아이에게 스마트폰을 쥐어주지 말고 아이의 연령에 맞는 놀이 환경을 조성해주는 것이 바람직하다.

아이가 한번 스마트폰에 빠지면 집중력이 떨어지고 한창 말과 행동과 규범을 배워야 할 나이에 나쁜 습관을 먼저 체득하기 쉽다. 종현이처럼 말이 늦어 소통이 어려운 경우에는 스마트폰이 더 해롭다. 스마트폰 삼매경에 빠진 아이를 보다 못한 엄마가 스마트폰을 강제로 빼앗기라도 하면, 스마트폰이 세상의 전부였던 아이는 하늘이 무너진 듯 참지 못한다. 엄마는 아이에게 스마트폰이 아닌 다른 세상을 보여줄 의무가 있으며, 아이가 스마트폰 중독으로부터 벗어날 수 있게 도와줘야 한다.

스마트폰이나 텔레비전에 푹 빠진 아이는 또래 아이와 어울릴 기회를 차단당하기 쉽다. 집에서나 밖에서나 혼자 노는 아이를 살펴보면 손에서 스마트폰을 놓지 않거나 텔레비전에서 눈을 떼지 못한다. 하루 종일 영상이나 게임에 빠져 있는 것이다. 이렇게 전자 기기에 노출된 아이는 친구는 물론이고 엄마, 아빠와의 상호 작용에도 빨간불이 켜진다. 대화를 하는 것이 서툴고, 자신의 의사를 밝히는 능력도 부족하며, 다른 놀이에 관심을 두지 못한다. 종현이는 상태가 더 심각했다. 애플리케이션을 열 때 스마트폰이 버퍼링되는 시간마저 참지 못해 울분을 터트릴 정도였기 때문이다. 심지어 스마트폰을 갖고 놀지 않는 시간에도 짜증 빈도가 높아졌다. 아이가 보채거나 징징거리는 것을 일시적으로 막기 위해 아이에게 줬던 스마트폰이 도리어 문제 행동을 일으키는 부메랑으로 되돌아오고 만 것이다.

엄마도 스마트폰이 아이에게 좋지 않다는 사실을 알고 있다. 하지만 잠시 동안의 편안함을 위해서 유혹을 뿌리치기가 쉽지 않다. 아이와 옥신각신 다투는 것도 지치는 일이기 때문에 엄마는 뜻하지 않게 아이를 방치하게 된다. 문제는 아이가 스마트폰에 너무 몰입했을 때다. 아이가 어릴 때는 잘 느끼지 못하지만 스마트폰 중독 상태를 제 시기에 바로잡지 않으면 아이의 성격 형성에 부정적인 영향을 미칠 수 있다. 어린아이가 게임을 못하게 한다고 먹은 것을 토해내거나 반항하고 짜증을 부린다면 문제는 심각한 수준에 다다른 것이다. 그러니 엄마는 스마트폰 사용 시간을 제한하거나 아예 못하게 하는 등 특단의 조치를 취해야 한다. 부득이하게 아이에게 스마트폰을 줘야 하는 경우라면 무엇보다 10분 이상의 오랜 시간을 주지 않도록 노력한다. 또, 아이가 스마트폰을 지나치게 집중해서 보지 않도록 아이 옆에서 관심을 가지는 것도 중요하다.

가장 좋은 방법은 아이에게서 스마트폰을 떼어놓는 것이다. 종현이처럼 스마트폰이 아이의 일상생활에서 중요한 부분을 차지하고, 이미 어느 정도 중독의 조짐이 보이는 상태에서는 엄마의 각별한 관심이 필요하다. 한창 주변 사람들과의 상호 작용을 배워야 할 나이에 자극적이고 일방적인 스마트폰에 빠져서 건강한 소통 방식을 배우지 못하는 아이를 위해서는 먼저 주변 환경을 정리해야 한다. 아이가 텔레비전이나 스마트폰 등과 같은 전자 기기에 빠지면 건강한 소통 방식을 배우지 못한다. 그렇기 때문에 자극적인 주변 환경을 무조건 차단해야 한다. 우선, 스마트폰 게임 말고 아이가 좋아하는 다른 놀이를 찾아줘야 한다. 아이의 나이에 맞는 놀이 환경을 제공해주는 것이다. 스마트폰을 아이 손에 닿지 않는 곳에 두고 텔레비전을 되도록이면 꺼놓는다.

부모와의 상호 작용은 아이의 시선이 엄마나 아빠에게 도달해야만 이루어질 수 있다. 그런데 아이 주변에 시선을 끄는 경쟁자가 많으면 그만큼 부모와의 상호 작용이 어려워진다. 따라서 극적인 주변 환경을 차단하고 아이가 좋아하는 놀이를 찾아주는 노력이 필요하다. 처음부터 쉽지는 않겠지만 가족과 어울리는 시간을 늘리면서 아이에게 스마트폰보다 더 재미있는 놀이를 찾아주자. 물론 떼쓰는 아이의 기를 잡는 훈육도 병행해야 한다. 부모는 끈기를 가지고 스마트폰과 헤어지지 않으려는 아이의 기를 잡아야 한다.

스마트폰에 빠진 아이를 오랫동안 방치했다면 엄마, 아빠 그리고 아이 모두 갑자기 변한 놀이 환경에 적응하기 힘들다. 스마트폰 대신 아이와 일대일로 놀이를 하는 게 좋다는 것을 부모도 잘 알고 있지만 그 방법을 모르기 때문에 어려울 수밖에 없다. 게다가 아이와 상호 작용을 할 수 있는 놀이를 찾기도 마땅치 않다. 아이와 놀아주는 것은 쉬운 일이 아니다. 그러므로 아이와 제대로 된 놀이를 하기 위해서 부모 또한 놀이 방법에 대한 공부가 필요하다.

놀이를 진행할 때는 "할까?"라는 질문형보다는 "하자!"라는 권유형이 좋다. 아이로 하여금 놀이가 방해받는다는 느낌이 들지 않도록 권유하는 말을 사용하는 게 훨씬 바람직하다. 또, 탐색 놀이보다는 기능 놀이로 확장시키는 것이 아이에게 도움이 된다. 예를 들어, "빨간색 자동차다!"라며 사물의 이름을 알려주는 것은 두 돌이 지난 아이에게 지루함을 주고 결국 놀이를 지속할 수 없게 하는 원인이 된다. 아이가 탐색만 하지 않고 기능적인 부분을 살필 수 있도록, 오토바이를 보면 "타는 건가?"와 같은 질문을 하면서 '탐색 놀이에서 기능 놀이'로 바꿔줘야 한다. 그때 아이가 "나도 탈래."라고 말하면, 오토바이 타는 모습을 보여주며 놀이를 확장시킴으로써 아이의 관심을 지속적으로 끌어낼 수 있다. 놀이를 할 때는 무조건 놀이만 해야 한다. 엄마는 아이와 놀면서도 옆에서 계속 정리 정돈을 하려 하며 심지어 아이에게 정리를 시키기도 한다. 하지만 엄마가 자꾸 "치우고 놀자."라고 말하는 자체가 아이에게 있어서 놀이를 방해하는 요소다. 그러니 놀 때는 놀이에만 집중하고 정리는 놀이가 끝나고 난 후에 하자.

이와 같은 놀이 방식에 대한 팁을 잘 활용하면 아이를 졸졸 따라다니면서 수동적으로 참여하던 놀이에서 벗어나 엄마와 아이 모두가 즐겁고 관심 가는 놀이 환경을 조성할 수 있다.

게임 등에 빠져 혼자 놀기에 익숙해진 아이에게는 부모 외에 또래 친구들과 만나는 것을 적극적으로 시도해야 한다. 아이가 자라면서 친구를 사귀는 행위는 성장에서 매우 중요하다. 타인과의 관계 형성은 사회성 발달의 시작이기 때문이다. 아이가 타인과 관계를 형성하는 방법은 주로 놀이를 통해서다. 친구와 잘 어울리지 못하고 혼자 노는 것에 익숙한 아이는 상호 작용하는 법을 제대로 배우지 못했을 가능성이 크다. 엄마는 아이가 낯선 환경에 잘 적응할 수 있도록 다양한 모임에 일부러라도 아이를 데리고 나가는 게 좋다. 그리고 함께 어울리는 것이 재미있다는 것을 아이가 느낄 수 있도록 여러 놀이에 참여하면서 아이의 흥미를 이끌어내야 한다. 이를 통해 다양한 상황에 대처할 수 있는 능력을 키워주고 능동적인 아이로 자랄 수 있게 도와줄 수 있다.

놀이 방식을 바꾸는 것 외에도 '수면 의식'을 통해 아이의 짜증을 줄이는 방법이 있다. 수면 의식이란 아이가 잠들기 전의 과정을 의미한다. 아이에게 잠을 잘 자기 위한 환경을 만들어주고, 자기 전에 책을 읽어주거나 아이가 잘 때 인형을 안고 잘 수 있게 하는 등 아이만의 수면 습관이 매일 지속되는 것을 포함하는 말이다. 충분한 수면은 아이에게 좋은 영향을 준다. 아이에게 적정 수면 시간은

9~10시간이며 적어도 9시에는 아이를 재우도록 한다. 수면 의식을 지속하다 보면 아이가 잠투정을 하면서 엄마를 힘들게 하는 일이 줄어든다. 수면 의식은 아이가 좋아하고 아이에게 꼭 맞는 수면 습관을 길러주는 것으로서 시간이 지날수록 긍정적인 효과를 불러온다. 종현이처럼 스마트폰이나 텔레비전 등 수면을 방해하는 요소에 빠진 아이가 일찍 잠자리에 들거나 양질의 수면을 취하게 되면 나쁜 습관에서 벗어나는 데 큰 도움이 된다.

부모가 보다 적극적으로 아이와 상호 작용을 하기 위해 애쓰면 아이도 부모의 노력을 느낄 수 있으며 이는 아이를 변하게 만든다. 아이는 텔레비전이나 스마트폰 대신 엄마와 마주 보며 대화하고 놀이하는 것을 더 좋아하게 되며, 아이의 눈높이에 맞춘 아빠와의 놀이를 통해 스마트폰으로부터 벗어날 수 있다. 아이의 놀이 환경이 달라지면 아이가 스마트폰을 보는 시간이 줄어들고 떼쓰거나 늦게 잠자리에 드는 등의 나쁜 습관도 바로잡을 수 있다.

통제 불가능 사고뭉치

누가 쌍둥이 아니랄까 봐 똑 닮은 5살 민서와 준서는 한없이 사랑스럽고 애교만점인 쌍둥이 남매다. 하지만 이러한 귀엽고 천사 같은 모습은 오직 잘 때

뿐이고 눈만 뜨면 말썽꾸러기, 사고뭉치로 변신한다면 어떨까? 민서와 준서는 하루 종일 엄마의 혼을 쏙 빼놓는다.

온 집안에 장난감을 늘어놓고 밥 먹을 때도 정신없이 돌아다니는 것이 일상이다. 뿐만 아니라 무언가가 마음에 들지 않으면 시간, 장소 불문하고 울음부터 터트린다. 처음에는 이 모습마저 사랑스럽고 귀여워 엄마, 아빠는 훈육의 필요성을 잘 느끼지 못했다. 하지만 계속되는 아이들의 거친 행동과 엄마 머리 꼭대기에 올라앉으려는 통제 불능의 상황이 이어져 전문가의 도움을 요청하지 않을 수 없었다.

워킹맘 엄마는 아이와 함께 지내지 못하는 미안함과 죄책감이 커 아이에게 되도록이면 많은 것을 허용하는 편이다. 또한, 아이가 떼를 쓰고 고집을 피우거나 나쁜 습관이 생겨도 심각하게 받아들이기보다 엄마가 옆에 없어서 나타나는 현상으로 생각하는 경향이 있다. 출근하기 전에 잠깐 보고 저녁이 되어서야 만나는 아이가 조금 버릇없게 굴어도 참으려고 노력한다. 싸우기도 잘하고 놀기도 잘하는 쌍둥이 남매 민서와 준서의 엄마 또한 워킹맘이기에 두 아이에 대한 애틋한 마음이 컸다. 그래서 되도록이면 아이들의 많은 부분을 오냐오냐하는 편이었고 아이들은 그러한 엄마의 마음을 읽고 있었다.

민서와 준서는 전형적으로 통제가 전혀 되지 않는 유형이다. 이러한 아이의 특징은 하루 종일 어지른다는 점이다. 밥 먹다가 돌아다니고, 돌아다니다 놀고, 놀다가 다시 밥 먹고 한시도 자리에 가만히 있지 못한다. 그러니 밥을 손수 떠먹여주지 않으면 끼니를 굶게 되고 식사 시간이 아닌 때에 배고프다고 울며 보챈다. 뿐만 아니라 바닥에 널브러져 있는 장난감을 정리하는 사람은 누가 되었든 공격의 대상이 된다. 이와 같은 아이를 둔 부모는 어느 정도의 공통점을 가지고 있는데, 아이가 심하게 어지르거나 떼를 써도 누구 하나 말리지 않는다. 지나가는 말로 잔소리나 할 뿐 제대로 된 훈육을 전혀 하지 않는다. 하지만 아이에게 선택할 수 있는 자유를 주겠다며 좋은 취지에서 우러난 마음이 오히려 아이를 방치하는 셈이 되고, 그로 인해 아이는 또래 아이에 비해 참는 법을 배우지 못한다.

쌍둥이 남매 중 준서는 행동 통제가 되지 않고 민서는 감정 통제가 되지 않는 모습을 보였다. 준서처럼 행동 통제가 되지 않는 아이는 항상 몸을 움직이고 싶어 하며 잠시도 가만있지 않는데, 이러한 행동은 언제, 어디서 사고가 터질지 모르기 때문에 위험하다. 감정 통제가 되지 않는 민서 같은 아이는 귀찮은 것을 싫어하고 기분에 따라 행동하는 경향을 보인다. 좋으면 하고 싫으면 하지 않는 것이다. 기분이 나쁘거나 자신과 맞지 않으면 무조건 '싫어'를 외치며 감정 조절 능력이 떨어진다.

이와 같은 상황에도 불구하고 민서, 준서 엄마는 평소 아이들과 충분한 시간을 보내지 못하는 데에서 오는 죄책감으로 아이들에게 싫은 소리 한마디 하지 못했다. 하지만 이와 같은 엄마의 양육 태도는 아이들을 더욱 통제할 수 없는 상황으로 내몰 뿐이다.

아이에게 "안 돼!"라고 말해야 하는 이유는 첫째, 안전을 위해서다. 자기 자신과 다른 사람의 안전을 해치면 안 되기 때문이다. 둘째는 자기 관리다.

아이는 연령에 맞게 스스로에게 필요한 것을 알아서 할 줄 알아야 한다. 이를 제대로 가르쳐주지 않으면 아이는 자신에게 필요한 것이 무엇인지 모르고 또 배우려고도 하지 않는다.

Goodbye 청개구리
화내지 않고 훈육하라

말로만 하는 훈육은 효과가 없다. 아이의 행동을 통제하기 위해서 타임아웃을 시행해보자. 타임아웃은 아이에게 화내지 않고 훈육할 수 있는 좋은 방법으로, 제한된 시간이나 공간에서 아이 스스로 자신의 행동을 돌아보고 무엇이 잘못되었는지 생각할 시간을 주는 것이다. 타임아웃 동안에는 아이가 좋아하는 놀이도 할 수 없도록 행동을 제약해야 한다.

우선, 화부터 내지 말고 아이에게 부모 자신의 의지를 전달한다. 물론 처음부터 아이가 부모의 말을 잘 듣지는 않을 것이다. 하지만 그것은 아이가 타임아웃의 실체를 아직 모르기 때문이다. 처음 타임아웃 처분을 받은 아이는 울거나 떼를 쓰며 상황을 모면하려 한다. 엄마는 아이가 울음을 그칠 때까지 인내심을 가지고 기다리며 잘못을 반성하기 전까지는 타임아웃을 풀 수 없다고 아이에게 정확한 의사를 전달해야 한다. 훈육을 시작하는 엄마의 마음은 단호해야 하며 훈육 시간에는 아이의 징징거림을 들어주거나 말을 많이 하지 않도록 한다. 말이 많아지면 엄마의 마음이 약해질 수 있기 때문이다. 엄마의 말투도 중요한데, 지금 엄마는 훈육 중이라는 사실을 아이가 이해할 수 있도록 해야 한다. 아이의 투정에 엄마가 반응하면 그것은 훈육이 아니다. 훈육 시간에는 아이가 엄마의 요구에 반응해야 한다. 그리고 훈육할 때는 스킨십도 자제해야 한다. 이렇게 서서히 타임아웃으로 행동과 감정을 통제하면서 아이의 기를 잡아가는 것이다.

타임아웃을 할 때는 아이에게 화낼 필요가 없으며, 아이의 잘못된 행동을 바로잡을 때까지 기다리기만 하면 된다. 타임아웃의 핵심은 아이에게 지루한 시간을 경험하게 하는 것이다. 아이 입장에서는 하고 싶은 대로 하지 못하는 답답함에 타임아웃이 싫을 수밖에 없다. 만약 아이가 타임아웃을 힘들어하지 않거나 지루해하지 않는다면 벌로서의 효과가 떨어지는 것이라 할 수 있다. 따라서 아이에게 자꾸 말을 시키거나 아이가 잘 하고 있는지 관심을 보이는 행동은 피해야 한다. 타임아웃 중인 아이에게 누군가가 말을 걸면 지루하지 않고 재미있는 상황으로 변모할 수 있다. 타임아웃의 핵심은 아이가 지루한 감정을 충분히 느낄 수 있도록 하는 것이다. 그래야만 아이 스스로도 이 상황이 심각하고 장난이 아니라는 것을 깨닫는다.

점이다. 부모, 조부모는 일종의 공동 양육자다. 부모만 아이에게 타임아웃과 같은 훈육을 하고 조부모는 전혀 상반된 입장이거나 훈육을 하지 않는다면 효과가 떨어진다. 따라서 조부모도 손자, 손녀의 잘못된 버릇이나 습관을 고칠 수 있는 기회라는 생각으로 훈육에 동참해야 한다.

타임아웃을 처음 하는 엄마는 이러한 훈육법이 과연 아이에게 도움이 될는지, 오히려 정서적으로 좋지 않은 영향을 미치는 것은 아닌지 고민하기도 한다. 하지만 엄마가 마음이 약해지면 타임아웃의 올바른 효과를 기대할 수 없다. 타임아웃은 아이의 행동을 변화시키기 위한 훈육법이므로 타임아웃을 시키는 엄마는 떼쓰는 아이에게 절대 흔들리지 않아야 한다.

많은 부모들이 아이를 엄하게 훈육하면 혹시 아이가 자신을 싫어하지 않을까 걱정한다. 하지만 이것은 부모만의 착각이다. 사실 아이는 옳고 그름을 명확하게 판단해주는 부모를 더 신뢰한다. 민서, 준서도 타임아웃을 하면서 많은 것이 변했다. 쌍둥이는 자기가 가지고 놀았던 장난감은 스스로 정리해야 한다는 것을 알게 되었고, 덕분에 타임아웃을 하는 횟수도 눈에 띄게 줄었다. 부모가 제대로 된 훈육에 익숙해지면서 아이의 행동을 통제하기가 쉬워져 굳이 화내지 않아도 아이의 나쁜 버릇을 고쳐나갈 수 있게 된 것이다.

아이에게 메시지를 전달할 때는 짧고 간결하게 해야 한다. 아직 어린 나이의 아이에게는 간단한 대화가 귀에 쏙쏙 들어오기 때문이다. 그리고 엄마가 중요하다고 생각하는 내용을 먼저 이야기해야 한다. 대화를 할 때는 반드시 아이의 눈을 바라보고 중요한 메시지를 전달하는 것을 잊지 말자. 어떤 엄마들은 아이에게 질문형으로 말을 하는데 이러한 화법은 아이가 헷갈려 할 수 있으니 주의한다.

가정이 아이만의 세상이 되거나 부모만의 세상이 되면 균형이 깨져버린다. 부모가 아이의 일거수일투족을 지켜보며 대리인이 되어서도 안 되며, 아이가 뭘 하든 상관하지 않은 채 방치해서도 안 된다. 부모와 아이 사이의 평화는 적절한 균형 속에서 나온다.

우리 집 무법자

수지는 밝고 활발한 성격으로 친구들에게 인기가 많고 다른 어른들에게 칭찬을 많이 받는다. 하지만 집 안팎에서의 수지의 생활은 180도 다르다. 밖에서 친구들과 싸우지 않고 사이좋게 지내던 수지가 집에만 오면 말 안 듣는 독불장군이 되어버린다. 엄마는 수지를 편하고 자유로운 분위기에서 자라게 하고 싶은 마음에 되도록이면 혼내지 않으려 했다. 그러나 이렇게 좋은 취지에서 비롯된 엄마의 양육 태도는 수지를 통제 불가능한 집안의 무법자로 만들었다. 게다가 엄마 생각에 전혀 문제없을 것이라 생각했던 친구 관계도 자세히 들여다보니 그렇지 않은 부분이 있었다. 수지는 친구가 많지만 친구와 어울릴 때 자신의 의견을 내는 일 없이 친구 뒤만 졸졸 따라다니고 있었던 것이다. 엄마는 그러한 수지의 모습을 보면서 아이의 자존감이 낮은 것은 아닌지 걱정이 되었다. 그리고 이러한 수지의 모습이 자신의 잘못된 양육 방식에서 비롯된 것은 아닌가 하는 미안한 마음도 들었다. 과연 수지의 행동과 엄마의 양육 태도에 어떤 관련이 있는 걸까?

유난히 아이에게 쩔쩔매는 엄마들이 있다. 이는 아이를 야단치거나 혼내고 싶지 않아서 되도록이면 아이를 받아주고 잘해주는 방향으로 양육하다 보니 나타나는 결과다. '훈육'이라는 말 자체에 거부감이 들어 아이의 문제 행동에 대해서 적극적으로 해결하기 어려워하며, 아이와 부딪히게 되는 것을 두려워하기도 한다. 물론 아이와의 관계가 어렵거나 힘들어지기를 바라는 부모는 없다. 하지만 아이를 키울 때는 예상치 못한 다양한 변수와 환경적인 요인이 발생한다. 따라서 어떤 부모도 완벽한 양육을 해낼 수 없다는 사실을 받아들이고, 시행착오를 겪으면서 양육에 대한 가치와 행복을 알아가는 게 중요하다.

아이를 야단치거나 혼내는 것을 어려워하는 부모는 천방지축 청개구리인 아이를 통제하는 데 애를 먹고 훈육을 피하려 한다. 자연히 아이는 집에서 두려울 게 없는 천상천하유아독존이 되며, 아이가 가진 나쁜 습관을 바로잡기 힘들어진다. 아이가 분명히 사고를 쳤는데도 불구하고 잘못된 행동에 대한 꾸지람을 듣지 않는다면 아이는 올바른 행동을 배울 수 없다.

　수지 엄마는 어린 시절 엄격했던 어머니의 기억이 있어 '엄마'라는 존재는 다가가기 어려운 두려움의 대상이었다. 어른이 된 지금까지 어머니에게 그러한 감정이 남아 있는 것은 아니지만 어린 소녀의 무너진 자존감은 여전히 문득문득 떠오르는 유년 시절의 상처가 되었다. 하고 싶은 것, 가지고 싶은 것을 얻지 못했던 어린 시절을 보상하기라도 하듯 내 아이만은 자유롭게 키우고 싶었다. 어머니에게 들어본 적 없는 '사랑한다, 네가 최고야'와 같은 말도 아이에게 자주 해줬다.

　양육자가 어린 시절의 경험을 자신의 아이에게 대비시키는 것은 바람직하지 않다. 이와 같은 엄마들은 과거에 자신이 받지 못했다고 생각하는 정서적인 관심과 물질적인 보상에 대해 과하게 집착하는 경향이 있다. 결국 자신이 받지 못한 것을 아이에게 쏟아붓는 셈이다. 하지만 통제 없이 허용만 있는 집에서 아이가 제대로 성장할 수 있을까? 아무리 사랑한다는 말을 자주 해도 문제 행동을 자동으로 바꿀 수는 없다. 아이의 행동을 부모가 바로잡지 못하면 바른 성장을 할 수 없고 다른 가족도 힘들어한다. 아이를 훈육하는 방법을 모르는 엄마가 무심코 용인해왔던 아이의 문제 행동은 후에 큰 문제로 돌아온다. 평소에 훈육을 전혀 하지 않던 엄마가 어쩌다 한 번 목소리를 높이면 아이의 감정이 상해 더 어긋날 수 있다. 그러므로 아이를 칭찬할 때와 훈육할 때를 적절하게 구분할 줄 아는 양육 태도가 필요하다.

통제 없이 허용만이 존재하는 집에서 자란 아이는 무법자가 되기 쉽다. 수지의 문제 행동은 생각보다 심각했다. 아이가 손으로 밥을 먹을 정도로 식사 태도가 엉망인데도 엄마는 숟가락으로 먹으라는 말을 아예 하지 않을 정도였다. 엄마는 아이의 나쁜 습관을 인지하고 있음에도 불구하고 아이의 우는 얼굴을 보면 마음이 약해져 아이가 원하는 대로 하도록 내버려두었다. 어차피 크면 어련히 하게 될 수저질이나 양치질 때문에 아침저녁으로 아이와 진을 빼고 싶지 않은 마음도 있었다. 하지만 '민주적인 부모, 자유롭게 자라는 아이'가 부모가 꿈꾸는 가정의 모습이라면, 양육은 관대함만으로 이루어질 수 없다는 현실도 직시해야 한다. 아이의 뜻을 존중하라는 것은 어리광과 투정을 받아주라는 말이 아니다. 허용만이 존재하는 양육에서 힘들어지는 사람은 결국 엄마 자신이다.

훈육을 할 수밖에 없는 행동을 고민하기에 앞서 일단 엄마가 규칙을 세우고 허용과 통제의 균형을 맞춰야 한다. 가령, 놀이를 끝냈을 때는 정리를 해야 한다거나 잘못된 행동에 대한 반성 시간을 갖게 하는 등 아이의 기를 잡기 위한 규칙이 있어야 한다. 아이에게 규칙을 적용하는 것에 대해 죄책감을 느낄 게 아니라 아이의 올바른 습관 형성을 위해 반드시 필요한 일로 인식해야 한다. 이러한 훈련이 제대로 되어 있지 않으면 아이는 무방비 상태에 빠진다. 엄마가 먼저 아이가 싫어할 것이라고 단정지으면서 아이의 나쁜 습관을 방치하지 않고 아이를 꾸준히 훈련시키면 아이는 엄마가 생각했던 것보다 잘 따라온다. 아이가 혹시라도 상처를 받을까 미리 겁먹지 말고, 허용할 때는 과감하게 허용하고 통제할 때는 단호하게 통제하며 엄마의 생각대로 밀고 나가자.

엄마가 아이와 동일시가 강하면 강할수록 자신의 감정을 아이에게 투영시키기 쉽다. 엄마의 감정과 아이의 감정이 비슷하다고 느끼는 것이다. 하지만 엄마의 감정에 아이를 동일시하지 않아야 아이를 제대로 바라볼 수 있다. 엄마의 성장 배경이 남달랐다면 자신도 모르는 사이에 아이와의 관계에 영향을 미치면서 양육이 힘들어질 수 있으며, 엄마 자신이 불안한 시기를 겪었다면 더욱 그러하다. 어린 시절의 경험이 사람의 인생에서 얼마나 중요한지 엄마 스스로 절실히 느낀 탓에, '나 때문에 우리 아이가 잘못 자라면 어떡하나.' 하는 마음을 확대 해석하는 경향이 생긴다. 그러나 아이의 기분은 아이의 기분이고, 엄마의 기분은 엄마의 기분이다. 아이에게 지나치게 감정이입하면 아이가 느끼고 있는 감정을 왜곡시킬 수 있다. 엄마의 감정을 아이에게 대입해 양육하려고 애쓰지 마라.

수지 엄마는 수지가 겉으로는 사교성이 좋아 보이지만 왠지 모르게 기가 죽어 있는 것 같다고 생각했고 그 모습을 매우 안쓰러워했다. 그러나 수지는 엄마가 생각하는 것처럼 자존감이 낮은 아이가 아니었다. 아이를 아끼고 사랑하는 마음과 더불어 자신과 아이를 동일시하는 오류를 범함으로써 엄마 스스로 고민거리를 만든 것에 불과했다. 수지는 친구들과의 관계에 있어서 아무런 문제가 없었다. 엄마의 낮은 자존감과 괜한 걱정이 오히려 아이를 집안의 무법자로 만든 것이다.

우리 주변에는 의외로 수지 엄마 같은 생각을 가진 엄마들이 많다. 그만큼 엄마들이 아이를 속속들이 다 안다는 착각에 빠질 위험에 노출되어 있다는 반증이기도 하다. 올바른 양육을 위해서는 엄마가 아이를 바라보는 시선을 달리하고 편안한 마음을 가지는 것이 필요하다. 엄마는 자신의 감정 속으로 아이를 끌어들이지 말아야 한다. 우선, 자신감이 떨어진 엄마의 감정부터 다스리고 엄마의 과거와 화해하도록 노력하는 것이 중요하다. 엄마가 행복해야 아이도 행복할 수 있다.

엄마, 아빠는 내 친구

현우는 세상에 무서울 게 없는 4살이다. 또래 친구들과 다른 점이 있다면 엄마, 아빠가 결혼을 일찍 해서 다른 사람들이 현우의 엄마, 아빠를 터울 많은 형이나 누나로 보는 일이 많다는 것이다. 요즘 소위 말하는 '친구 같은 부모'는 아이에게는 물론이거니와 부모 자신에게도 이상적인 부모상으로 여겨진다. 하지만 현우네는 아이가 부모와 지나치게 허물없이 지내 걱정이다. 처음에는 아이가 엄마, 아빠를 친구처럼 가깝고 편한 사이로 대하는 데 대해 자율적인 부모가 된 것 같아 좋았지만, 시간이 흐르면서 아이를 통제하기 힘든 상황이 빈번하게 발생하여 곤혹스럽다. 어른들에게 버릇없이 반말을 하는 것은 기본이고, 밀거나 때리고 장난치는 것은 옵션이다. 엄마에게 동생 대신 안아 달라고 졸라대는 일이 일상이 된 지 오래이고, 엄마 말에는 무조건 '메롱, 싫어'로 대답하는 것을 당연시 여긴다.

무엇보다 엄마의 최대 고민은 나날이 심해지는 현우의 버릇없는 행동이다. 시간이 지날수록 아이를 통제하는 일이 더욱더 어려워지고 있어 혹시라도 어린 나이에 나쁜 습관이 몸에 밸까 봐 전전긍긍한다. 아이가 미운 4살을 극복하고 의젓하게 거듭날 수 있는 방법은 무엇일까?

젊은 부모가 첫아이를 키우면서 결심하는 것 중에는 '친구 같은 부모 되기'도 있다. 권위적인 부모가 아니라 아이의 눈높이에서 자유로운 분위기를 조성해주면서 함께 성장하는 부모가 되고 싶은 것이다. 또한, 친구처럼 이야기할 수 있는 부모와 자식 관계를 꿈꾼다. 물론 양육에 대한 두려움도 있지만 아이를 낳는 신비롭고 뿌듯한 경험에 비할 바는 아니다. 아이에게 무한한 사랑과 관심을 주면서 다른 집과는 다르게 특별한 아이로 키우고 싶었던 흥분과 긴장감은 여느 부모라면 공통적으로 느끼는 감정이다. 하지만 현실에서 친구 같은 부모가 되기란 그리 쉽지 않다. 오히려 아이를 무조건 풀어주고 허용해주며 정확한 기준이 없는 양육은 현우처럼 어른들을 무시하고 통제가 어려운 청개구리로 자라게 할 수 있다.

 특히 동생이 태어나면 자신만 바라보던 엄마를 향한 질투심으로 인해 아기처럼 굴기도 한다. 젊은 부모는 아이에게 '자율'이라는 명목으로 일상생활에 제대로 된 체계를 세워주지 않는 경우가 많다. 부모에게 있어서 자식이 아니라 마치 막내 동생 같은 존재이다 보니 훈육은커녕 무조건 아이의 뜻에 맞춰주게 된다.

현우는 엄마와 함께 상담실을 찾아 상담 선생님 앞에 있을 때조차 엄마 무릎에서 내려올 줄을 몰랐다. 엄마는 현우 동생을 안고 현우도 무릎에 앉혀야 했다. 더욱 눈에 띄는 것은 이러한 상황에서 엄마는 현우에게 야단 한 번 크게 치지 못하고 현우의 요구 사항을 다 받아주고 있었다. 하지만 상담 선생님이 "선생님과 이야기할 때는 조용히 기다리는 게 어떨까?"라는 말로 아이를 설득하자 아이는 선생님의 말을 순순히 따랐다. 대부분의 아이는 어른들이 요구하는 상황을 잘 이해하고 있으며 현우도 마찬가지였다. 그동안 부모는 아이에게 너무 많은 것을 무방비로 허용했던 것이다. 이 때문에 현우에게 엄마, 아빠는 세상에서 가장 만만한 존재가 되었다.

Goodbye 청개구리
훈육하되 아이의 감정을 알아줘라

부모는 다정하면서도 단호해야 한다. 훈육을 해야 한다는 생각조차 하지 못하는 부모에게는 제3자의 입장이 되어 아이를 바라볼 기회를 주면 좋다. 아이를 직접 대할 때는 느끼지 못했던 부분을 발견할 수 있기 때문이다. 아이의 행동 하나하나에서 고쳐야 할 것이 보이고 집에서 벌어지고 있는 양육의 문제점을 알게 된다.

현우의 부모는 또래보다 일찍 결혼한 경우라 나름대로 친구 같은 부모에 대한 로망이 있었다. 엄하고 권위적인 부모보다는 아이가 형, 누나처럼 편하게 믿고 따르는 것을 당연하게 생각했다. 하지만 이러한 부모의 양육 태도는 아이에게 부모를 함부로 대해도 된다는 인식을 심어준다. 뿐만 아니라 훈육이 부재한 탓에 아이가 잘못된 점을 고쳐나가는 과정을 겪을 기회를 갖지 못한다. 부모는 다정한 모습 속에서도 부모의 권위를 보여줄 수 있어야 올바른 훈육이 이루어질 수 있다는 것을 기억해야 한다.

친구 같은 부모는 흔히 아이가 원하는 대로 해주는 게 자율성을 기르는 방법이라고 오해하기 쉽다. 하지만 아이에게 과도한 주도권을 주는 것이 과연 바람직한지 깊이 고민해볼 필요가 있다. 아직 미성숙한 감정의 아이가 상황을 주도하는 데 대한 불안과 혼란을 느낄 수 있기 때문이다. 아직 부모의 도움이 필요한 영·유아의 경우형, 누나 같은 자유로운 부모 밑에서 크면서 지켜야 할 선이 무너질 수 있다. 아이가 성장하면서 제 나이에 터득해야 할 것이 있으므로 부모는 아이가 올바르게 자랄 수 있도록 규칙을 정하고 이끌어주는 역할을 하는 것이 바람직하다. 친구 같은 부모를 지향한다 하더라도 어쨌든 부모는 부모다. 부모는 아이를 이끌어주고 책임져야 할 존재다.

부모의 권위를 만들기 위해서는 첫째, '단호함'을 지녀야 한다. 아이에게 지시를 하거나 의견을 말할 때 분명히 해야 하고 매사에 흔들림 없는 태도를 취해야 한다. 삶에 원칙과 균형을 갖추고 일관성을 보여주는 것이다. 둘째, 동시에 '부드러움'을 가져야 한다. 카리스마를 지니되 아이가 마음을 열 수 있는 부드러움을 동시에 갖추고 있어야 부모의 권위가 살 수 있다. 강압적인 권위가 아니라 아이가 존경심을 가지고 수긍할 수 있어야 한다. 셋째, 인간적인 '품격'을 갖춰야 한다. 모든 부모가 훌륭할 수는 없지만 적어도 아이를 키우는 부모라면 좋은 인격을 갖추기 위해 꾸준히 노력해야 한다.

엄마가 본격적으로 훈육 모드에 들어갈 때 자주 혼란스러워하는 부분이 있는데, 어느 순간에 훈육을 시작해야 할지에 관해 헷갈려하는 것이다. 이 때문에 어떤 엄마들은 타임아웃 제도를 무분별하게 시행하기도 한다. 예를 들어, 엄마가 마트에 가자고 하는데 아이가 싫다고 운다. 아이는 그저 싫다는 감정을 표현했을 뿐인데 엄마는 왜 우냐며 텔레비전을 끄고 타임아웃을 실시한다. 또, 집에 손님이 왔다 가는데 아이가 인사를 안 한다고 혼내며 타임아웃을 실시하기도 한다. 이는 엄마가 아직 훈육에 대한 정확한 개념 이해가 되지 않았기 때문이다. 어떨 때 훈육을 해야 하는지 분간을 못해 어려워하는 부모가 많은데, 아이가 징징거릴 때마다 무조건 훈육을 해야 하는 것은 아니다. 아이가 아프고 졸리고 배고프고 덥고 추울 때의 징징거림은 단순히 힘들어서다. 이에 대해 '그만해' 정도는 할 수 있지만 '하지 마'라고 할 수 없다.

훈육은 규칙을 지키지 않았을 때 주는 것이다. 아이의 불편한 감정은 알아줘야 할 사항이지 못하게 할 성질의 것이 아니다. 엄마가 규칙을 정했는데 아이가 계속 조르고 해달라고 요구하거나 자기 뜻대로 하려 할 때는 통제를 해야 한다. 하지만 동생이 장난감을 빼앗아갔다거나 친구가 때려서 아이가 울고 보채는 경우는 아이가 좌절한 상황이므로 우는 아이를 훈육할 것이 아니라 아이의 마음을 알아주고 달래면 된다. 타임아웃은 아이가 자신의 요구를 들어달라고 떼를 쓸 때 사용하는 방법이지, 아이가 아프거나 실망했을 때 써서는 안 된다. 타임아웃을 많이 쓰는 것보다 아이의 좋은 행동을 칭찬하는 데 더 집중할 필요가 있다.

훈육의 기본 역시 아이의 마음 읽기에서 시작된다. 아이의 감정을 알지 못하고 훈육을 하게 되면 어쩔 수 없이 엄마의 감정이 개입된다. 화가 나면 엄마 스스로도 자신의 감정을 알지 못할 때가 많다. 그러다 보면 자연히 아이에게 적절하지 않은 훈육이 전개될 가능성이 있다. 단호함과 통제의 사이에는 아이의 감정을 파악하는 엄마의 명확한 판단 기준이 있어야 한다.

훈육이 진행될 때는 엄마를 시험하려 드는 아이의 모든 행동을 무시해야 한다. 다시 말해, 아이의 행동이 고쳐질 때까지 꾸준히 훈육을 전개해야 한다. 단호한 메시지를 전달하는 훈육 시간이 지난 다음에는 놀이 시간을 주면서 아이의 마음을 다독여주는 게 좋다.

나쁜 습관을 가진 아이를 어떻게 하면 좋을까?

1. 허용과 통제의 기준을 정하자.

2. 아이의 나이에 맞게 참는 법을 가르치자.

3. 학습과 생활 습관을 동시에 바로잡자.

4. 자극적인 주변 환경을 차단하고 아이가 좋아하는 놀이를 찾자.

5. 타임아웃으로 아이의 행동과 감정을 통제하자.

6. 집안에서는 반드시 규칙을 세우자.

7. 다정하지만 단호한 부모가 되자.

04
떼쟁이의 미운 나이 극복기

하루 종일 징징거리는 고집불통 떼쟁이, 스트레스의 원인을 찾아라

떼쓰기는 청개구리의 전매특허다. 한번 화가 나거나 짜증이 나면 그 누구도 말릴 수 없다. 하루 24시간 아이에게 시달리는 엄마는 녹초가 된다. 가족 중 누구도 이길 수 없는 떼쟁이의 특급 짜증 부리기에 집안은 늘 시끄럽다. 엄마는 아이가 떼쓰는 게 보기 싫어 되도록이면 아이의 요구를 들어주는 방향을 선택해왔는데 과연 아이를 진정시키는 올바른 방법인지 의문이다. 엄마는 아이의 문제 행동을 고치고 아이와 진정한 소통을 하고 싶다. 하루에도 열두 번 마음이 변하는 울보 고집불통 떼쟁이는 어떻게 미운 나이를 극복할 수 있을까?

승아는 엄마 말에 무조건 "싫어!"만을 외치는 미운 4살이다. 늘 자기가 듣고 싶은 말만 골라 듣고, 듣기 싫은 말을 듣는 즉시 짜증을 폭발시킨다. 동생이 장난감을 건드리는 순간에는 폭력도 불사한다. 승아는 엄마가 필요할 때는 애교를 부리다가 그렇지 않을 때는 찡찡대는 짜증 대마왕이다. 엄마는 아무리 내 아이이지만 아이가 진심으로 미울 때가 한두 번이 아니다. 아이가 왜 하루 종일 칭얼대는 것인지 엄마는 아이의 마음을 알 수 없어 답답하다.

사실 승아가 말을 듣지 않는 것이 습관이 된 데에는 어른들의 책임도 있다. 승아의 곁에는 혼내지 못하는 엄마, 무관심한 아빠, 오냐오냐하는 할머니가 있었다. 승아는 이러한 어른들의 머리 꼭대기에 앉아 그들을 마음대로 조종하고 있는 것이나 다름없었다. 승아네는 해도 되는 행동과 해서는 안 되는 행동에 대한 제어를 전혀 하지 않았다. 그러다 보니 승아는 자신의 성에 차지 않으면 떼를 부리고 화를 내는 것이 일상화되었다. 승아 같은 짜증 대마왕 아이는 어떻게 길들여야 할까?

오냐오냐 모드만 있고 훈육 모드는 전혀 없는 가정이 있다. 가족 모두가 늘 아이를 우선시하고 하나부터 열까지 다 챙겨준다. 게다가 아이가 세상의 중심이고 제멋대로 굴어도 혼내지 않는다. 이러한 분위기의 가정에서 자라난 아이의 버릇이 좋을 리 만무하다. 집안에서 대장인 아이는 자기 마음에 들지 않을 때는 공격적으로 변하고 어른들 말을 듣지 않는 것이 습관이 되어 있다.

어르거나 타일러도 그때뿐이고 일단은 짜증내는 게 일이다. 심지어 제일 만 만한 사람에게는 폭력을 행사하기도 한다. 아이가 떼를 잘 쓰는 이유는 받아 주는 사람이 있기 때문이다. 엄마는 아이가 떼를 쓰면 훈육이 어렵기도 하고, 아무리 훈육해도 진전이 없는 것 같다는 자체적인 결론을 내리고 되도록 아 이와의 갈등을 회피하며 상황을 모면하려 한다. 결국 떼쟁이와의 밀고 당기 기는 끝이 나지 않는다.

승아 엄마는 훈육을 어려워했다. 승아는 '싫어, 엄마가 해' 이 두 마디로 어른들 위에 군림하고 있었다. 승아네는 미술 치료를 통해 승아의 감정 상태 를 알아보기로 했다. 승아가 가족에 대해 어떻게 생각하는지 동물을 대비시 켜 고르게 하면서 아이의 심리 상태를 파악하는 검사로, 가족을 상징하는 동 물 고르기를 통해 아이의 속마음을 들여다보는 것이다. 승아는 아빠는 양, 엄 마는 캥거루를 지목했다. 아빠는 덩치는 크지만 순한 사람으로, 엄마는 아기 를 돌보는 사람으로 생각한 것이다. 엄마 캥거루 안에 있는 아기 캥거루는 동 생이었다. 승아 자신을 위해서는 상반된 이미지의 쥐와 호랑이를 택했다.

승아가 고른 동물 가족의 특징은 현재 아이의 상황을 그대로 보여줬다. 순한 아빠, 돌보는 엄마 그리고 자신은 생쥐처럼 작지만 호랑이처럼 권력을 가진 존재로 인식하고 있었다.

떼쓰는 아이는 대체로 자신이 이길 수 있는 만만한 대상을 찾는다. 사실 가장 가까이에서 아이와 맞닥트리는 사람은 엄마이므로 엄마는 아이를 이길 수 있는 힘이 있어야 한다. 비록 아이를 울리더라도 눈 딱 감고 따끔하게 혼낼 수 있는 강한 엄마가 되어야 하는 것이다. 성격적으로 아이와의 갈등 상황이 거북하고 어려운 엄마라 할지라도 아이의 잘못된 행동을 바로잡기 위해서는 반드시 아이와의 기 싸움에서 이겨야 한다는 것을 잊지 말자.

그렇다고 권위적인 부모가 되라는 말은 아니다. 훈육의 의미를 생각할 때 부모의 생각을 무조건 아이에게 강요하거나 심하게 벌을 준다는 것으로 착각해서는 곤란하다. 이러한 경향은 강압적인 부모에게 흔히 나타날 수 있는데, 부모 스스로가 권위적인 부모라 생각하는 경우다. 하지만 강압적인 부모 밑에서 자란 아이는 심리적으로 문제를 일으키기 쉽다. 항상 불안하고 초조하며 부모에 대해 적대심을 가질 수도 있다. 부모라면 진정한 의미의 권위를 갖춰야 한다. 진정한 권위란 엄격하지만 다정한 것을 일컫는다. 가르침은 곧고 바르며 일관성 있게 밀고 나가는 뚝심이 있어야 한다. 아이가 부모를 믿고 따라갈 수 있도록 나침반이 되어야 한다. 진정한 권위는 부모가 아이의 존경을 받는 것뿐만 아니라 부모와 아이가 진정으로 소통하는 데에서 비롯된다.

승아 엄마는 매번 아이에게 당하고 지기만 하며 훈육을 전형적으로 잘 못하는 유형이다. 그렇다면 아이는 엄마에게 어떤 태도를 가지고 있을까? 승아는 상담을 시작하면서 엄마 말을 잘 들을 거면 "네!"라고 말하라는 선생님의 말에 20분이 넘도록 대답을 하지 않았다. 아무 말도, 아무것도 하지 않으면서 기다려야 하는 조용한 상황에서 보통 아이들은 10분을 넘기기 힘든데 승아는 한참 후에야 겨우 대답을 했다. 상황을 견딜 수 있는 사람과 없는 사람 중 승리를 차지하는 사람은 그 상황을 견디는 사람이다. 마음 약한 엄마는 아이와의 기 싸움에서 항상 지고 있었다. 아이의 나이가 아직 어리기 때문에 사소한 상황에서 그치지만, 아이가 성장하면서 더 큰 문제 상황에 직면했을 때는 어쩌면 지금보다 훨씬 심각하게 다가올 수 있다. 따라서 엄마는 이미 습관화된 아이의 행동에 한계를 정하고 스스로 해야 할 일을 가르쳐야 한다. 잘못된 행동에는 한계를 정한 다음 규칙을 전달하고 아이 스스로가 필요한 것을 만들고 조달하고 움직일 수 있도록 도와줘야 한다.

엄마 입장에서 아이에게 부드럽게 이야기한다는 것은 아이 입장에서 다소 애매한 부분이 있다. 승아 엄마처럼 말로만 훈육을 하면 어느 순간 아이도 지치거나 짜증이 날 수 있다. 아이는 엄마가 두루뭉술하게 지시하면 하라는 건지, 말라는 건지 이해하기 어렵다. 그러므로 다소 강압적이더라도 행동과 지시를 확실하게 해야 아이가 엄마의 분명한 의도를 파악할 수 있다. 아이는 애매한 상황에서 울음이 하나의 방법이자 도구다. 하지만 울음이 어느 순간 통하지 않으면 아이는 빨리 마음을 접게 된다. 이러한 것을 '한계 정하기'라고 하는데 한계를 분명하게 정해줄수록 아이는 오히려 편안해한다.

아이는 엄마가 혼내면 여러 가지 이유를 대며 상황을 벗어나려 한다. 그때 엄마가 아이의 말에 넘어가면 훈육이 소용없어진다. 아이가 잘못된 행동을 했을 때는 설사 용서를 구하더라도 무조건 약속한 타임아웃 시간을 지켜야 한다. 잘못된 행동을 하면 지루한 반성의 시간을 보내게 된다는 것을 아이가 자각해야 나쁜 행동이 고쳐진다. 엄마는 훈육을 하면 아이와 사이가 멀어질 수도 있다는 것에 대해 걱정한다. 그런데 사실 아이는 옳고 그름을 확실하게 알려주는 부모에게 오히려 안정감을 느낀다.

훈육이나 규칙은 아이에게 습관처럼 익숙해질 때까지 이루어져야 한다. 단 한 번의 훈육으로 좋은 습관이 들거나 나쁜 행동이 고쳐지는 법은 없다. 승아 엄마처럼 마음이 약한 엄마들은 훈육을 부담스러워하고, 특히 아이가 닭똥 같은 눈물을 뚝뚝 흘릴 때는 아이를 보는 것 자체가 힘겹다. 엄마 스스로를 다른 엄마와 비교하며 자신이 부족하여 아이를 제대로 훈육하지 못하고 울리는 것이라 자책한다. 그러나 엄마 자신을 괴롭히고 두려워하고 자책하면 안 된다. 아이를 훈육할 때는 아이에게 화내는 것이 맞다. 나쁜 엄마가 될까 봐 걱정하지 말고 지금 이 시기를 거쳐야 아이의 행동을 고칠 수 있다는 것을 잊지 말자. 엄마가 훈육하는 과정에서 자기 감정만 챙기고 나쁜 엄마가 된 것 같아 미안한 마음이 든다면, 반대로 그동안 아이 감정만 지나치게 챙겨서 균형이 깨지고 문제 행동이 유발된 것으로 생각하면 된다. 아이 한쪽에 치우쳐 있는 상태를 엄마 감정도 챙김으로써 육아의 균형을 맞추도록 한다.

엄마로 인해 집안에 훈육 모드가 생겼다면 다른 가족들의 도움도 필요하다. 승아가 아빠를 순한 곰에 비유했듯이 아빠 역시 승아의 행동을 제어하지 못하는 방관자였던 셈이다. 따라서 엄마 혼자 훈육 모드를 발동하더라도 문제를 쉽고 간단히 해결할 수 없다. 아이의 행동에 한계를 정하고 스스로 해야 할 일을 가르치는 일은 부모가 함께해야 한다. 조부모도 마찬가지다. 아이의 행동을 바로잡는 일에 어른들이 한목소리를 내야만 아이 스스로도 해야 될 행동과 해서는 안 될 행동을 인지하게 된다.

엄마는 아이와 갈등이 생길 때 스스로를 나쁜 엄마라 생각한다. 아이를 혼내면서도 말 한마디, 행동 하나가 아이에게 상처가 될까 봐 걱정이 많다. 이러한 감정이 아이를 통제하고 훈육할 때도 겉으로 보인다면 건강한 양육이 이루어질 수 없다. 양육에서 말하는 좋은 엄마는 결국 강한 엄마다. 아이의 긍정적인 변화를 바란다면 엄마도 함께 변해야 한다.

말이 안 통해 답답해요

4살 수현이는 또래 아이에 비해 말이 늦어 어휘력과 표현력이 다소 서툰 까닭에 다른 사람과의 소통에 어려움을 겪는다. 하루 종일 같이 지내는 엄마와는 어느 정도 대화가 되는데 아빠와는 의사소통을 힘들어한다. 그래서인지 수현이는 유독 엄마만 찾고 뭐든지 엄마가 해줘야 하는 아이다. 엄마는 육아서를 찾아 읽고 적극적으로 양육에 대한 고민을 하면서 누구보다 아이를 잘 키우기 위해 노력하고 있다. 엄마와 수현이는 비교적 잘 지내는 편이지만 수현이가 한번 떼를 부리면 끝이 없다. 엄마가 수현이를 이해시키고 설득하려 노력하지만 잘 되지 않는다. 일단 언어 발달이 느리기 때문에 아이에게 제대로 설명하는 것이 어려워 엄마와 수현이 모두 답답하기만 하다.

아이가 언어 발달이 느리면 엄마는 걱정이 커진다. 혹시 다른 아이들에게 놀림을 받거나 다른 아이들의 성장을 따라가지 못하면 어쩌나 신경 쓰이기 때문이다. 또, 주변에서 "쟤는 말을 잘 못해!"라고 말함으로써 아이에게 상처를 줄까 봐 안쓰럽기도 하다. 특히 이러한 고민에 대해 다른 가족과 공유되지 않고 엄마 혼자 끙끙 앓는 상황이라면 엄마는 더욱 불안하고 혼자 짐을 짊어지고 있는 것 같은 생각이 들어 속상해진다. 수현이 엄마의 경우도 또래보다 말이 느린 아이를 위해 여러 육아서를 뒤져보고 전문가의 상담도 받으면서 정보를 찾고 있기는 하지만 혹시 놓치고 있는 게 없는지 불안하다. 게다가 엄마는 유치원 선생님이었고 유아 교육 전공자로서 아이 양육에 대한 자신감이 가득했다가, 막상 내 아이를 키우는 현실과 맞닥트려보니 전문적인 지식은 실제 양육에서 전혀 힘을 쓰지 못한다는 것을 몸소 체험하고 있는 형편이다.

문제는 아이와의 소통이 어려운 바람에 제대로 된 양육이 이루어지지 않고 있다는 점이다. 엄마는 아이를 위해 억지로라도 친구들과 어울릴 기회를 많이 만들어주는데, 그럼에도 불구하고 아이는 다른 아이들과 잘 어울리지 못한다. 물론 3~4살 아이들은 혼자 하는 놀이를 좋아하기 때문에 같은 공간에서 서로 말 한마디 나누지 않아도 놀이는 잘 진행된다. 하지만 수현이는 친구에게 꼭 말을 걸어야 할 상황에서도 먼저 말을 붙이지 않고 엄마에게 대신 말해주기를 바랐다.

수현이처럼 또래보다 언어 발달이 느린 아이가 자신감이 없는 것은 당연하다. 이러한 아이는 자기가 할 수 있는 말도 잘 하지 않게 되며 말을 해야 하는 상황에서 매번 구세주인 엄마를 찾는다. 엄마는 말이 통하지 않는 아이에게 최대한 좋게 타이르려 해도 결국에는 화를 내고, 아이 역시 말이 통하지 않는 엄마에게 떼쓰기로 일관한다. 이렇게 되면 아이는 투정을 받아주지 않는 엄마 대신 가족 중에서 자신을 가장 잘 받아주는 편한 상대를 찾아다니게 된다. 수현이네 집에서는 그 역할을 아빠와 할머니가 한다. 엄마는 수현이에 대한 통제를 많이 하는데 아빠나 할머니는 수현이의 행동을 무조건 허용해준다. 수현이 아빠는 규제를 하는 엄마가 있으면 풀어주는 아빠도 있어야 한다고 생각한다. 그러다 보니 가족 간에 갈등도 빈번하게 발생하고 있다.

수현이처럼 언어가 느린 아이의 경우 우선 아이의 발달 상태를 관찰하는 게 필요하다. 아이의 언어 발달이 느린 것에 대해 너무 부정적으로만 생각하는 것도 문제이지만 전적으로 낙관적으로만 생각하는 것도 주의해야 한다. 만 3세 이후에도 또래에 비해 말을 알아듣고 표현하는 정도가 1년 이상 늦는 상황이 계속된다면 그때는 전문가의 도움을 받는 게 좋다. 그리고 그 이전이라도 아이가 말을 할 때 발음이나 언어와 관련된 여러 문제로 인해서 스트레스를 받는 게 목격된다면 상담을 받아야 한다. 아이의 성장 발달 과정에서 언어 발달은 매우 중요하다는 점을 부모가 반드시 인식하도록 하자.

Goodbye 청개구리

서로 다른 양육 방식을 인정하고 원칙에 합의하라

다른 아이들보다 발달이 느린 아이는 지켜보고 기다려주는 것보다 가르치고 이끌어주는 게 좋다. 현재 아이의 언어 발달 상태를 이해하는 것이 가장 우선되어야 하고, 아이와의 눈높이 소통을 위해 쉬운 언어로 짧고 간단하게 지시하는 것을 생활화해야 한다. 무 엇보다 온 가족이 아이의 성장 발달을 위해 함께 노력해야 한다.

여기서 중요한 것은 엄마와 아빠의 양육 태도다. 수현이네는 엄마와 아빠가 확연하게 다른 양육 태도를 보였다. 엄마는 제재하는 편이라면 아빠는 허용하는 편이다. 그러다 보니 아이는 오냐오냐하는 아빠를 더 따르고 엄마와 갈등이 발생하면 아빠에게 가서 애처로운 눈길을 보내며 투정을 부린다. 엄마와 아빠의 훈육 방법이 다를 수는 있지만 상반된 양육이 동시에 이루어져서는 안 된다. 아이를 떼쟁이로 만드는 데는 상반된 어른들의 양육 태도도 한몫 한다는 것을 명심하자. 같은 상황에서 엄마와 아빠의 반응이 다르니 아이는 무엇을 해야 하는지 반대로 무엇을 하면 안 되는지, 또는 무엇이 옳고 그른지에 대해 전혀 배우지 못한다. 울고 떼쓰는 아이를 훈육하기 위해 아이 스스로 감정을 정리할 수 있도록 엄마가 잠시 자리를 비운 사이 아빠가 아이가 좋아하는 간식을 주며 달래고 있다면 엄마의 훈육은 전혀 소용이 없다.

이러한 풍경은 어느 가정에서나 흔히 볼 수 있다. 주로 양육을 담당하는 엄마가 잔소리꾼이라면, 아이와 오랜 시간을 함께하지 못하는 아빠는 대체로 받아주는 스타일이다. 부모가 맞벌이이면 허용의 한계는 더 극대화된다. 여기에 주 양육자가 조부모인 가정은 문제가 더욱더 복잡해질 수밖에 없다. 수현이처럼 또래보다 말이 느려 걱정인 경우는 가족들 간에 아이의 훈육에 대한 적극적인 의사 소통이 이루어져야 한다.

가족들의 전혀 다른 양육 방식은 아이에게 부정적인 영향을 미친다. 그러므로 엄마와 아빠는 의견을 조율하면서 아이 양육에 대한 공동 책임을 지는 것이 필요하다. 육아에 대한 관심과 정보가 지나치게 많고 통제적인 양육을 하는 엄마는 아빠에게 요구하는 게 많아지고 아빠의 양육 태도가 성에 차지도 않을 뿐더러 자연히 불만이 늘어난다. 이럴 때는 엄마 자신의 양육 방식을 아빠에게 강요하지 말고 아빠가 아이에게 해줄 수 있는 것을 생각해보자. 아이와 놀기, 운동하기, 책 보기 등 아빠의 역할은 무궁무진하다. 부부는 서로의 양육 방식을 존중해야 한다. 물론 아이를 잘 키우기 위한 원칙에 합의하면서 서로의 방식을 인정해야 한다. 그래도 의견이 맞지 않는 부분이 생기면 상대방의 의견을 경청하면서 타협점을 찾으면 된다. 양육을 할 때는 부부가 서로의 입장을 관철하는 데 급급하지 말고 아이를 최우선으로 생각해야 한다.

발달이 느린 아이는 스스로 하려는 노력 없이 어른들에게 의존하는 습관을 가지기 쉽다. 아이의 의존성을 줄이기 위해서는 우선 아이가 모르고 있는 것에 대해 자세히 가르쳐주는 자세가 필요하다. 엄마는 가르쳐주지 않아도 아이가 스스로 해냈으면 하는 바람을 은연중에 가지고, 아이의 행동을 지켜만 보다가 결국 아이가 좌절하고 기분이 나빠진 상태에서 도와주게 된다. 이로 인해 아이는 성취감을 느끼지 못하고, 자존감이 낮아지며, 엄마에 대한 의존성만 높아지고, 열등감을 갖게 되는 상황이 초래된다. 이를 피하려면 엄마는 아이가 조금씩이라도 스스로 깨쳐나갈 수 있도록 지켜보되 적절한 순간에 도움을 주어 아이가 성공하는 경험을 늘려가야 한다.

수현이 엄마는 아이가 말이 느리다고 생각만 할 뿐 이에 적극적으로 대처하는 방법을 몰랐다. 오히려 말이 통하지 않는 것에 스트레스를 받아 그 화를 아이에게 그대로 전달하는 모습을 보이기도 했다. 서로 의사소통이 힘들기 때문에 자연히 대화가 줄어들고 아이는 말하는 것을 싫어하게 된다. 이와 같은 경우에는 엄마가 아이에게 끊임없이 말을 시키고 최선을 다해 들어주려고 노력하는 모습을 보여야 한다. 처음에는 답답하고 힘들더라도 아이의 행동에 관심을 가지고 적극적으로 소통해야 한다. 아이가 흥미를 가지는 것이 있다면 놓치지 말고 언어 발달을 촉진시킬 수 있는 방법으로 활용해야 한다. 아무리 전문가의 도움을 받는다고 해도 엄마의 확고한 의지가 선행되어야 문제 해결이 원만히 이루어질 수 있다. 엄마야말로 아이와 가장 가까운 곳에서 호흡하는 상대 아닌가. 아이에게는 엄마가 최고의 놀이 친구이자, 편안하게 대화하고 기댈 수 있는 사람이다.

수현이 엄마는 육아서를 잠시 손에서 놓고 대신 수현이와 함께

책을 읽는 시간을 늘렸다. 동화책을 즐겁게 읽으면서 아이에게 언어 자극을 주기 위해서다. 엄마는 아이를 재촉하지 않고 여유를 가지면서 아이가 자신감을 찾을 수 있도록 기다려줘야 한다. 아이의 느린 언어 발달이 걱정된다고 해서 온갖 정보를 뒤져가며 홀로 전전긍긍하지 말고, 전문가의 상담을 받고 그에 따른 적절한 언어 치료와 발음 교정을 병행하면 된다. 양육에 대해 배우자와 이견이 있더라도 상대방의 의견을 존중하고 경청하면서 조금씩 맞춰가도록 한다.

천하무적 떼쟁이

4살 서우는 한없이 사랑스러운 집안의 활력소이지만 한번 떼쓰기 시작하면 주변 사람들의 눈살을 찌푸리게 한다. 떼쓰기가 시작되면 30분은 기본이고 뭐든지 제멋대로 하겠다며 막무가내다. 서우 엄마는 그동안 아이가 해달라는 것은 되도록이면 다 받아주면서 키운 게 독이 된 것 같아 걱정스럽다. 엄마 나름대로 서우의 마음을 알아주기 위해 애쓰는데 아이의 떼쓰기는 그치지 않는다. 천하무적 떼쟁이를 위한 특급 처방전은 무엇일까?

청개구리 아이를 면밀히 관찰해보면 가장 기본적인 생활 규칙이 제대로 잡혀 있지 않은 경우가 많다. 집안에서 벌어질 수 있는 모든 기초적인 생활, 즉 밥 먹기, 놀기, 정리하기, 잠자기 등에서 규칙이 전혀 없는 것이다. 심지어 집안의 규칙을 아이가 직접 정하는 가정도 있다. 따라서 엄마는 떼쓰는 아이에 대한 원인을 가장 기본적인 생활 규칙의 부재에서 찾을 필요가 있다.

서우네 아침을 살펴보자. 서우의 기상 시간은 새벽 5시다. 서우는 어른들보다 먼저 일어나서 집안의 어른들을 전부 깨운 다음 피곤에 지친 아빠를 끌고 공차기하러 나가자며 떼를 쓴다. 아빠는 아이의 성화를 이기지 못하고 매일 아침 공차기를 한다. 자꾸 나가자고 조르는 아이를 혼내기도 하고 달래기도 했지만 결국은 부모가 지고 만다. 집에 돌아와서는 서우의 두 번째 떼쓰기가 시작된다. 출근하는 아빠를 붙잡고 가지 못하게 막는 것이다. 아이는 아빠가 눈에 보이지 않으면 보고 싶다고 서럽게 울다가도 엄마가 재미있는 놀이를 준비하면 언제 그랬냐는 듯이 다시 놀이에 집중한다. 서우의 세 번째 떼쓰기는 어린이집에 가지 않겠다고 버티기다. 하지만 어린이집에 가기 싫다고 떼를 부리다가도 막상 어린이집에 가면 잘 적응한다. 엄마는 오전 내내 어린이집에 가기 싫어 울던 아이 생각에 마음이 무거운데, 아이는 일단 어린이집에 도착하면 집에서의 떼쓰기는 잊은 지 오래다.

떼쟁이의 특징은 내키는 대로 행동하는 것이다. 어떤 때는 엄마 말을 잘 듣다가도 또 어떤 때는 죽어라 말을 듣지 않는 모습을 보인다. 서우 엄마, 아빠도 아이 마음을 알아주기 위해 애쓰며 서우에게 관심과 사랑을 쏟고 있다. 그럼에도 불구하고 아이의 투정이 갈수록 심해져 고민이다. 하지만 서우네는 집안에서 지켜야 할 일상적인 생활 규칙이 없으면 좋은 양육을 할 수가 없다는 중요한 사실을 놓치고 있었다. 일상생활 속에 규칙이 부재하면 아이는 행동을 조절하거나 통제해야 할 필요성을 전혀 느끼지 못하고, 자신이 원하는 것은 무엇이든지 이루어져야 한다는 사고방식을 배우게 된다.

우선, 아이가 왜 시도 때도 없이 떼를 쓰는지 파악해야 한다. 그 원인은 아이와 부모의 생활 태도 중 가장 사소한 부분에서 나타날 수 있다. 대부분의 부모는 아이를 이해하려고 많은 노력을 기울이는 반면에, 일상생활에서 아이를 어떻게 다루어야 하는지에 대해서는 쉽게 생각한다. 다시 말해, 작은 것을 놓치고 큰 이유만 찾으려고 하는 것이다.

생활 속에서 벌어지고 있는 서우의 문제 행동으로 우선 밥투정이 있었다. 서우가 장난감 없이는 밥을 먹지 않아서 엄마는 서우에게 장난감을 가져다준다. 이렇게 되면 서우는 장난감에 정신이 팔려 오히려 더 밥을 먹지 않는다. 애초에 엄마가 아이의 식사 시간에 장난감을 가져다주지 않는 게 최선이지만, 아이가 밥을 먹을 때 장난감을 쥐어준 상황에서는 엄마가 아이에게 밥을 먹게 할 것인지, 아이를 놀게 할 것인지를 확실하게 결정해야 한다.

다음으로 아빠의 출근을 저지시키는 문제 상황이다. 부모가 보기에는 서우가 출근하는 아빠를 붙잡고 우는 모습이 아빠와 헤어지기 싫어서라고 오해할 수 있다. 그러나 실상은 아빠가 나가는 것처럼 자신도 나가서 놀겠다는 떼부리기였다. 밖에서 아빠와 함께 놀고 싶은 마음이 좌절되었기 때문에 아빠의 출근을 막았던 것이다. 마지막으로 어린이집에 가기 싫어하는 부분이다. 서우가 어린이집에 가지 않겠다고 떼쓴 이유는 엄마와의 아침 놀이 시간이 재미있었기 때문이다. 아이 입장에서는 갑자기 재미있는 놀이를 멈추고 어린이집으로 가야 한다는 생각에 짜증이 났던 것이다.

엄마는 일단 아이의 떼쓰기가 시작되면 다음을 고려하지 않고 당장 앞에 놓인 문제를 해결하기 위해 아이의 말에 하나하나 반응하고 아이의 비위를 맞추며 상황을 모면하려 한다. 하지만 아이가 한 번 싫은 표현을 한 것에 대해 그때마다 부모가 지나치게 반응하면 아이는 떼만 쓰면 모든 것이 해결된다고 생각하게 된다.

Goodbye 청개구리
아이에게 생활 규칙을 가르쳐라

떼가 심한 아이는 자신이 생각하기에 만만한 사람에게는 절대 지지 않으려는 경향이 있다. 아이의 생떼를 받아주기 시작하면 아이는 뜻대로 될 때까지 울면서 짜증을 부린다. 이러한 아이의 문제 행동을 바로잡기 위해서는 지나치게 강압적인 모습도 안 되지만 반대로 약한 모습도 보이지 말아야 한다. 엄마 역시 화가 나 있다는 것을 아이가 알 수 있어야 한다. 아이가 떼쓰면서 해달라고 하는 것은 가급적이면 들어주지 않는 게 좋다. 아이로서는 떼만 쓰면 자기가 원하는 것이 관철된다고 생각할 수 있기 때문이다. 문제 행동에 대한 반성 없이 뭐든지 마음대로 할 수 있는 환경에서는 올바른 훈육이 이루어질 수 없다. 제대로 된 훈육은 아이가 잘못된 행동을 반복하지 않게 해준다.

 우선 집안에서부터 아이가 지킬 수 있는 생활 규칙을 잡아보는 것이 좋다. 부부가 머리를 맞대고 아이에게 가르칠 생활 규칙을 하나하나 정한 다음 아이가 규칙을 따를 수 있도록 알려주자. 예를 들어, 식탁에서 밥을 먹으려 하지 않는 아이를 위해 따로 상을 차리다가 식탁에서만 밥을 먹어야 한다는 규칙을 세웠다고 가정하자. 아이가 처음에는 떼를 쓰고 울며 보챌 수 있다. 그러나 시간이 지나면서 식탁에서 밥을 먹는 습관을 들일 것이다. 무엇이든 처음에는 어려운 법이며 익숙해지기까지는 시간이 필요하다. 그러니 달라진 엄마, 아빠의 태도에 아이가 적응할 수 있도록 도와주자. 3~4살 아이는 주의 집중력이 굉장히 짧다. 아이가 절실하게 배고픈 게 아니면 밥을 먹다가도 다른 데에 정신을 뺏기기 쉽다. 이때는 다른 곳으로 흘러가는 주의 집중을 밥에 계속 상기시킬 필요가 있다. 작은 규칙이라도 아이 입장에서 생각하면서 분명하고 정확하게 지시할 수 있어야 한다.

서우네도 일상생활에서 일어나는 기본적인 생활 태도부터 바꿔나갔다. 7시 넘어 일어나기, 식사 시간에 장난감 없애기, 괜한 떼는 무시하기 등 우선 세 가지를 정하고 지키도록 노력했다.

100% 허용되던 상황이 갑자기 반대로 바뀌면 아이는 당황하고 생소한 경험이라 분명히 떼쓰며 저항할 것이다. 그동안은 마음에 들지 않을 때 투정 부리면 모든 것이 해결되었기 때문이다. 어린 아이일수록 규칙은 쉽고 명확하며 예상이 가능해야 한다. 항상 된다고 하다가 갑자기 안 되면 아이가 당황할 수밖에 없다. 엄마가 분명하게 "이건 ○○할 때는 돼. 그런데 △△할 때는 안 돼."라고 자세하게 일러주지 않으면 아이는 자신이 원하는 바를 얻기 위해 끊임없이 떼를 쓸 것이다. 아이와 함께 의논해서 빵을 수요일에 먹자고 규칙을 정했으면 아이에게 확실하게 알려주고 지키기 위해 노력하는 모습을 보여줘야 한다. 규칙과 약속을 정해놓고 엄마가 깜빡 잊어버리는 실수를 할 수도 있는데 그렇기 때문에 훈육에서는 엄마의 세심한 관심이 무엇보다 필요한 것이다.

딱히 잘못된 행동은 아니지만 아이가 사소하게 떼를 쓰는 경우도 있다. 실컷 놀다 들어와서 또 나가자고 한다거나 엄마, 아빠가 들어줄 수 없는 떼를 부리면 적당히 무시하는 규칙을 쓰는 게 좋다. 엄마의 무반응에 아이가 더 떼를 쓸 수 있지만 아이 스스로 진정될 때까지 내버려두었다가 아이가 진정되면 규칙을 알려주도록 한다. 그래야만 아이도 서서히 자신의 행동에는 규칙이 있고 책임이 따른다는 것을 인지하게 된다.

훈육을 시작하면 처음에 아이가 많이 힘들어한다. 무엇이든 마음대로 할 수 있었는데 못 하는 일이 생기기 때문이다. 훈육은 에너지를 많이 쏟아야 하는 일이라서 부모도 힘들기는 마찬가지다. 그러므로 아이의 행동에 하나부터 열까지 예민하게 반응하는 것보다는 아이 행동의 원인을 꼼꼼히 관찰하면서 고쳐나가는 양육 태도가 필요하다.

아이가 떼를 쓸 때는 원인을 파악해야 한다. 아이에게는 떼쓰기가 감정을 표현하는 일종의 수단이므로 엄마의 입장에서 어떤 떼쓰기인지를 파악하는 것도 중요하다. 부모가 절대 들어줄 수 없는 떼쓰기를 한다면 우선 무시하는 게 좋다. 엄마로서도 전혀 알 수 없는 떼를 쓴다면 아이의 감정이 극도로 불안한 경우다. 이때는 그야말로 아이가 원하는 것이 무엇인지, 아이의 마음속에 어떤 소용돌이가 치고 있는지 엄마가 마음 읽기를 해야 하며 보다 친밀한 감정 소통이 필요하다.

아이가 고집을 부리고 힘들어하는 모습을 보면 부모도 속상하고 답답하다. 아이가 그러한 모습을 보이는 이유를 알기 위해서는 내 아이이지만 다른 시각에서 객관적으로 관찰하는 연습을 해야 한다. 그래야 아이의 진짜 마음을 알 수 있다. 겉으로 드러난 아이의 말과 행동만 보고 마음을 판단하면 아이의 속마음을 잘못 이해하기 쉽다. 지금부터라도 아이를 위해 '객관적으로 마음 읽기'를 시작해 보자.

매일매일 우는 아이

5살 해리의 주특기는 울기다. 세수할 때도 울고, 먹을 때도 울고, 옷 입을 때도 우는 해리의 눈물은 그칠 줄을 모른다. 아침에 일어나는 순간부터 유치원 가기 전까지는 그야말로 울기의 절정을 이룬다. 엄마가 왜 우냐고 물어봐도 절대 대답하지 않는 아이 때문에 엄마도 같이 울고 싶어진다. 최근에는 잘 다니던 유치원에 가기 싫다고 생떼를 부린다. 아이가 왜 이러한 행동을 보이는지 유치원과 주변 사람들에게 물어봐도 소용이 없다. 유치원에서는 집과 180도 다른 모습으로 잘 지내고 있기 때문이다. 하지만 유치원이 끝나고 집에 오면 역시나 해리의 눈물샘은 마를 줄 모른다. 엄마와 함께 있을 때는 울기가 최대의 무기인 것 같다. 도대체 해리는 왜 엄마 앞에서만 우는 걸까?

밖에서는 잘하던 행동을 집에 오면 절대로 하지 않는 아이가 있다. 겉보기에는 말을 잘 듣는 아이처럼 보이지만 집에서는 전혀 다른 아이로 변신하는 것이다. 이러한 아이의 행동 뒤에는 문제의 엄마가 있기 마련이다. 아이가 싫어서 하지 않는 게 아니라 항상 엄마가 해주기 때문에 집에서는 굳이 힘들여 하지 않아도 된다고 생각한다. 아이의 머릿속에는 자기 할 일이 아니라는 사고방식이 습관으로 박혀 있다. 장난감을 어질러놓아도 치워주는 엄마가 있고 이 닦기 싫으면 떼를 부리면 그만이다. 아이가 툭하면 울고 엄마 말에 대답을 하지 않는 이유는 그래야만 엄마가 잘 들어주기 때문이다. 이와 같은 현상은 유난히 아이의 눈치를 보는 엄마에게서 흔히 나타난다. 아이에게 엄마는 그저 상대하기 쉬운 사람, 뭐든지 받아주는 언니 같은 엄마다. 이러한 유형의 엄마는 아이가 하기 싫어하면 원인을 파악하기보다는 일단 아이가 떼쓰는 게 귀찮아서 무조건 들어주려고 한다. 하지만 아이가 싫어하는 행동을 아이의 발달 시기에 개선해주지 않았을 때 결국 힘든 사람은 엄마다.

해리가 유치원에 갈 때마다 풀이 죽어 있어서 엄마는 안쓰러운 마음에 아이가 요구하는 것은 무엇이든 들어주려 했다. 하지만 해리는 엄마의 우려와는 달리 유치원에서 잘 적응하고 잘 먹고 잘 놀고 있었다. 선생님의 지시 사항을 열심히 따르고 쭈뼛거리는 모습 없이 모든 활동을 적극적으로 따라 했다. 말수가 많지는 않아도 적어도 집에서처럼 우는 모습은 전혀 찾아볼 수 없었다. 오히려 자기 일을 스스로 하는 습관이 잘 되어 있는 아이로 보였다. 밖에서는 이토록 반듯한 아이가 왜 유독 집에서만 청개구리 행동을 보일까?

아이가 집에서만 특정 행동을 하는 이유는 그것을 받아주는 사람이 있기 때문이다. 아이는 어린이집이나 유치원에서 정해진 규칙에 따라 생활해야 한다. 하지만 집에서는 하고 싶은 대로 할 수 있다. 문제가 생겨도 군말 없이 해결해주는 엄마가 있기 때문이다. 엄마가 적절한 대응을 할 시기를 놓친 사이 아이는 하고 싶은 대로만 행동하는 것이 습관화된 것이다. 아이가 엄마가 말할 때 듣기 싫으면 아예 귀를 막아버리는 행동을 한다거나 심부름을 시켜도 대답을 전혀 하지 않으면, 반응이 없는 아이를 보다 못한 엄마가 대신 뒤처리를 담당한다.

이미 습관화된 행동은 말만으로는 고쳐지지는 않으므로 엄마가 행동으로 보여주는 게 필요하다. 안 되면 울기부터 하는 아이는 명확하게 이유가 있는 경우를 제외하고는 과감히 무반응으로 대처해야 한다. 아이가 어질러놓은 장난감은 엄마가 직접 치워주지 말고 일정 정도의 분량만큼 아이가 치우도록 지시한다. 아이는 마음 약한 엄마가 자신의 울음에 지고 자신이 원하는 바를 들어줄 것을 잘 알고 있다. 요즘은 아이에게 친구나 형제자매처럼 편하고 자율적인 엄마가 되려는 사람들이 많다. 하지만 이러한 엄마의 다짐이 훈육의 발목을 잡는 일이 많다. 아이가 엄마랑 사는 것이 아니라 만만한 언니랑 살고 있다는 생각을 하기 때문이다.

Goodbye 청개구리
아이가 울더라도 가르칠 것은 가르쳐라

집에서는 마음대로 행동해도 된다고 생각하는 아이에게는 집 안에도 권위가 있다는 것을 보여줄 필요가 있다. 특히 많은 시간을 함께하는 엄마에게 단호한 면이 있다는 것을 아이가 알 수 있도록 가르쳐야 한다. 아이가 아무리 울어도 가르칠 것은 가르쳐야 한다. 앉아서 밥 먹기, 혼자 이 닦기, 장난감 뒷정리하기 등 다른 아이들이 평범하게 하는 것부터 차근차근 가르쳐야 아이가 엄마 힘을 빌리지 않고 스스로 해낼 수 있는 능력을 기를 수 있다.

엄마는 일상생활에서 일어나는 모든 부분에서 아이가 혼자 감당할 수 있도록 배려해야 한다. 잠투정을 하면 그 기분을 혼자 감내하도록 자리를 비켜주고 절대 투정을 받아줄 수 없다는 의지를 분명히 밝혀야 한다. 아침에 일어날 때 산뜻하게 일어나지 않고 기분이 좋지 않다면서 징징대면 그것 역시 혼자 감당하도록 방문을 닫고 나온다. 방 안에서 혼자 감정을 진정시키고 나오라는 처방을 내리는 것이다. 그동안은 우는 아이를 안고 늘 달래주던 엄마였다면 이제는 우는 것이 통하지 않는다는 것을 보여주도록 한다.

아이들은 한번 울기 시작하면 처음에는 악을 쓰고 온몸으로 저항하다가 그래도 안 되면 불쌍하게 빌기도 하고, 그래도 안 되면 오줌을 싸는 등의 극단적인 모습을 보이기도 한다. 그래도 엄마는 꿈쩍하지 말고 훈육을 밀고 나가야 한다. 엄마는 아이에게 귀찮고 싫어도 해야 하는 것이 있다는 사실을 몸소 실천해서 보여줘야 한다. 괜한 떼쓰기나 울음에 엄마가 전혀 반응하지 않으면 아이의 울음이 잦아들 것이다. 왜 자꾸 우냐며 아이에게 화를 내거나, 징징댄다고 아이를 혼내려 들지 말아야 한다. 전에는 자신이 울면 엄마가 갈팡질팡하는 모습이 아이의 눈에 보였는데 이제는 아무리 울어도 소용이 없다는 것을 아이도 느끼게 하기 위해서다. 반응을 보이면 더 심해지는 것이 떼쓰기다. 한바탕 울고 나면 아이는 마음의 안정을 찾게 된다. 엄마가 아이의 행동을 미리 예상하고 무반응으로 아이의 울음소리를 참아내기 위해 노력하면 아이가 혼자 우는 시간이 줄어든다.

아이가 눈물을 많이 흘린다는 것은 감정 조절 능력이 약하다는 것을 의미한다. 엄마는 아이가 징징대는 것을 참을 수 없어서 아이가 울면 화부터 낸다. 아이를 달래는 것도 하루 이틀이지 수도꼭지처럼 샘솟는 아이의 눈물이 벅차다. 그러다 보니 아이도 엄마에게 서운한 마음이 들어 끝없이 우는 것이다. 아이가 울 때는 먼저 아이를 위로하고 보듬어주는 자세가 필요하다. 그다음에 아이가 감정을 조절하는 힘을 기를 수 있도록 도와줘야 한다.

엄마가 아이에게 되는 것과 안 되는 것에 대해 분명하게 선을 그어주면 아이도 더 이상 투정을 부리지 않는다. 따라서 엄마는 아이에게 정확한 의사 전달을 해야 한다. 엄마의 딱 부러지는 행동과 단호한 말 한마디가 아이의 떼를 수그러들게 한다. 또한, 장난감 정리하기와 같이 아이 자신이 감수해야 할 몫이 분명히 있다는 것을 알려주고, "엄마는 밥을 하니까 너는 장난감을 정리해."라는 식으로 서로의 역할을 인지시켜주는 것도 좋다.

예전의 해리 엄마는 무조건 아이를 즐겁고 기쁘게 해주는 것이 당연하다 생각했다. 아이가 귀찮아하는 일은 대신해주고 아이가 울면 마음이 약해졌다. 하지만 특급 처방을 받은 지금의 해리 엄마는 아이가 아무리 울어도 잘못된 행동을 바로잡아주며 조금은 엄해도 믿음이 가는 엄마가 되어가고 있다. 해리 또한 혼자서 할 수 있는 일은 스스로 하는 것이 좋다는 것을 배워나가는 중이다.

해리네 집에 한 가지 더 달라진 점이 있다면 아빠의 가사 참여다. 아빠가 집안일을 도와주는 시간에 엄마는 해리의 잘못된 습관을 하나하나 잡아줄 수 있게 되었다. 혼자 이를 닦거나 밥을 먹는 가장 기본적인 습관에서부터 곁에서 지켜봐주는 역할을 엄마가 해준다. 아이가 혼자 해내는 과정을 묵묵히 바라보면서 성취감을 느낄 수 있도록 이끌어주는 것이다.

좋은 엄마는 아이가 원하는 것을 다 들어주고 항상 아이의 기분을 맞춰주는 엄마가 아니라, 아이가 엄마를 믿고 세상으로 나갈 수 있도록 밑받침이 되어주는 엄마다. 아이에게 완벽한 것을 만들어주지 말고, 아이가 꼭 필요로 하는 부분을 주고 나머지는 아이가 스스로 채울 수 있도록 여지를 주는 엄마가 되자.

생떼쓰는 폭주 기관차

4살 선우에게는 이 세상 모든 것이 마음에 들지 않는 모양이다. 시간, 장소, 이유 불문하고 시도 때도 없이 떼를 쓰며 물건을 집어던지고 집에 있는 전자제품을 발로 차기까지 한다. 아이가 머리끝까지 화난 이유는 도대체 무엇일까? 엄마는 한번 짜증이 나면 폭주 기관차처럼 돌변하는 아이가 무섭다. 그런데 선우는 엄마 앞에서 떼가 한층 더 심해진다. 아무도 못 말리는 선우 때문에 엄마는 육아에 대한 자신감을 점점 잃어가고 있다. 떼를 부리는 선우 앞에서 선우의 행동을 허용해야 하는지, 제재해야 하는지 쉽사리 결정을 내리지 못하는 것이다. 그러는 사이 선우의 짜증 부리는 강도는 더 심해졌다. 엄마가 어떻게 해야 육아에 대한 확신과 자신감을 얻을 수 있을까?

엄마가 육아에 대한 확신을 갖지 못하고 오락가락하면 아이와의 기 싸움에서 무조건 백전백패다. 아이가 물불 안 가리고 떼쓰면 엄마는 머릿속이 하얘지면서 복잡한 마음이 든다. 너무나 사랑하는 아이이다가도 미울 때는 한없이 미운 애증 관계가 된다. 내 자식이지만 도대체 속에 뭐가 들어 있는지 궁금할 때가 한두 번이 아니다. 웃는 날보다 우는 날이 더 많은 청개구리와의 한판 승부를 위해서는 엄마가 강해져야 한다.

선우는 26개월 정도를 지나면서 갑자기 폭력적으로 변하기 시작했다. 처음에는 별문제 없다고 생각했는데 시간이 지나면서 점점 심해졌다. 한번 불이 붙으면 언제, 어디서 터질지 모르는 시한폭탄처럼 선우의 심통은 핑계거리를 손수 찾으면서 번진다. 변덕도 죽 끓듯 한다. 떼 부릴 일만 생기면 가차없이 변하는 아이로 인해 엄마는 어느 장단에 맞춰야 할지 통 알 길이 없다. 엄마는 선우의 생떼에 지쳤음에도 불구하고 선우가 화를 내면 혼내기보다는 아이의 마음을 읽어주기 위해 노력했다. 선우는 태어났을 때부터 15분씩 쪽잠을 자는 예민한 기질의 아이였기 때문에 다른 아이들보다 좀 더 예민한 선우를 이해해주기 위해서였다.

아기가 엄마에게 애착을 형성하는 최적의 시기는 만 두 돌 무렵까지로 알려져 있다. 그래서 그 시절 육아 실수를 했던 엄마는 아이가 커갈수록 두려움에 빠진다. 유아기에 아이를 제대로 돌보지 못했다는 생각이 들면 죄책감이 커지며 초보 엄마의 첫아이일 경우 특히 더하다. 이로 인해 아이를 제지해야 할 때인지 풀어줘야 할 때인지를 가늠하기 어려워하며, 아직 아이에게 결핍된 부분이 많은 것 같은데 어떻게 해야 하는지 엄마의 양육 기준이 계속 흔들리게 된다. 선우와 엄마는 놀이를 통해 엄마와 아이의 관계를 점검하는 검사를 진행했다. 상담 결과 엄마는 선우가 물건을 집어던지고 소리를 지를 때 선우를 전혀 통제하지 못하고 있었다. 괜히 아이를 혼냈다가 아이의 폭력성을 부추길 것 같아서 엄두를 내지 못했던 것이다. 게다가 아이를 통제할 때 아이에게 미안하고 자신이 나쁜 엄마라는 생각이 들어 아이의 문제 행동을 바로잡고 싶어 하면서도 훈육의 과정이 힘들어 갈등했다.

아이가 무언가를 표현했을 때 엄마가 빨리빨리 알아차리지 못하면 아이의 짜증을 더 키울 수 있다. 엄마가 오락가락하면 아이는 어떤 것이 규칙인지 모르고 짜증만 난다. 이러한 유형의 엄마는 어떤 면에서는 매우 순하고 애정이 많은 사람이다. 그에 비해 단호함이 많이 부족해서 아이가 떼를 쓰면 결국은 다 들어주는 것이다. 그리고 둔한 면도 있어서 처음에는 아이의 말을 잘못 알아듣다가 아이가 강하게 표현하면 그제야 "그래?" 하면서 들어준다. 때문에 아이는 표현 수위를 점점 높이게 되고, 이것이 쌓이면 아이는 처음부터 짜증내면서 강하게 이야기를 시작하는 것이다.

중심을 잡지 못하고 흔들렸던 엄마의 태도가 아이의 떼를 키울 수 있다. 아이는 표현이 서툴기 때문에 떼쓰기로 다양한 감정을 표현한다. 부모는 더 세심하게 아이를 관찰하고 아이의 떼쓰기에 대한 적절한 대처 방법을 찾아야 한다.

Goodbye 청개구리

육아에 대한 자신감을 회복하라

훈육이 두렵고 육아에 대한 자신감이 부족한 엄마는 우선 아이와 애착 관계를 형성해야 한다. 먼저, 육아의 민감성을 키우기 위해 노력하자. 육아의 민감성은 아이의 행동이나 반응에 민감하게 반응하는 것으로 애착이 형성되는 데 중요한 요소다. 아이가 엄마와 안정적인 애착을 갖고 성장할 수 있도록 엄마는 아이의 행동을 잘 살펴야 한다. 이때 '공감, 통제, 무시'의 세 가지 전술을 적절하게 사용하도록 한다. 지금까지는 아이와 부딪히기 싫어서 애써 문제를 회피하거나 시선을 분산시키기 위해 노력했다면, 이제는 직접 부딪히고 문제를 해결해나가려는 의지를 보여야 한다. 육아에 대한 민감성을 키우려면 우선 아이를 잘 알아야 하므로 아이를 면밀히 관찰해야 할 필요가 있다. 아이의 요구를 민감하게 수용하면 아이도 받아들이는 부분이 분명히 있을 것이다.

　끊임없이 이어지는 육아 고민은 엄마의 자신감을 많이 떨어트린다. 다른 아이들은 잘 크는 것 같은데 유독 우리 아이만 유별난 것 같고, 더 나아가 이것을 엄마인 자신의 탓으로 돌린다. 아이가 너무 예민하고 까칠하다 보니 엄마로서 자신이 없어지고 아이를 망치는 기분이 들기도 한다. 심지어 자신 때문에 잘못되면 어쩌나 하는 엄마의 두려움은 꼬리에 꼬리를 물고 이어진다. 선우 엄마의 심리 검사 결과 자아 존중감은 평균이었지만 부정적인 정서가 높게 나타났다. 다시 말해, 모든 상황을 부정적으로 해석하고 자신을 탓하는 경향이 높았다. 부정적인 정서가 높으면 양육에 걸림돌이 될 수 있다. 자존감이 낮은 것도 아닌데 스스로가 자신 없어 하는 것도 문제였다. 그 이유는 아이와의 관계에서 나타났다. 아이가 다른 사람하고 있을 때는 말을 잘 듣고 보통 아이들처럼 굴다가도 엄마와 있으면 화내고 짜증을 부리니 엄마로서는 '역시 나 때문이었구나….' 하는 생각이 들었던 것이다.

　대부분의 엄마는 아이가 어떤 마음일지 생각하는 것이 아니라 본인의 고민으로 돌아와서 자책 모드로 흘러간다. 하지만 이럴 때일수록 아이의 마음으로 돌아가야 한다. 선우는 동생이 태어나면서 불안한 감정이 나타났다. 동생이 태어나던 해에 선우가 처음 어린이집에 갔는데 아이에게는 동생의 출생과 어린이집 등원 이 두 가지가 모두 생소한 경험이었다. 선우도 엄마와 떨어지는 것이 무서운 어린 아이에 불과한데 더 어린 동생이 태어남으로써 아무도 선우의 마음을 알아주지 않았다. 그런데 엄마는 아이가 처해 있던 그 당시의 현실은 보지 않고 과거에만 집착했다. 아이를 낳았을 때 엄마 자신이 너무 힘들어서 아이를 소홀히 대했다거나, 엄마의 어린 시절에 부모로부터 사랑받지 못해서 아이에게 사랑을 주는 방법을 모른다는 등 엄마는 아이의 행동이 발생하게 된 원인을 엄마의 기준에서만 찾으려 했으니 갈등이 생길 수밖에 없는 상황이었다.

엄마가 아이에게 맞대응하지 않고 오히려 아이의 관심을 다른 방향으로 돌리면 아이의 행동도 떼쓰기로 이어지지 않는다. 아이가 하지 않았으면 하는 행동을 가르치려면 아이에게 확실하게 알려줘야 한다. 아이가 어릴수록 좋은 행동을 칭찬하는 것만으로도 나쁜 습관을 충분히 바로잡을 수 있다. 또한, 엄마가 해결해줄 수 있는 아이의 요구는 아이와 불필요한 기 싸움을 하지 말고 빠르게 수용하는 게 좋다.

자라나는 아이는 올바른 행동을 보고 배워야 한다. 물건을 던지거나, 친구나 동생을 때리는 폭력적인 행동을 방치하는 것은 또 다른 문제 행동을 낳을 수 있다. 아이는 감정 표현을 제대로 할 수 없을 때 폭력적인 행동을 한다. 따라서 화가 많은 아이를 다스리기 위해서는 아이의 마음 읽기가 제대로 이루어져야 한다. 문제 행동을 단호하게 제지하라는 것은 화를 내라는 말이 아니다. 엄마가 절대로 용납할 수 없다는 의지를 아이에게 보여주라는 의미다. 어떤 상황에서 특정 행동은 절대로 안 된다는 의지를 아이에게 강력하게 표현하고 다시 똑같은 상황이 와도 일관되게 제지해야 한다. 엄마가 반복적인 상황에서 강하게 반응하면 아이도 처음에는 반신반의하다가 엄마의 단호한 태도를 알아차리는 순간이 온다.

화내지 않고 아이의 문제 행동을 고치는 것이 결코 쉬운 일은 아니지만 불필요한 행동으로 아이를 자극하는 것보다는 효과적이다. 엄마가 문제를 해결하지 않고 화를 자주 내면 아이는 엄마를 화내는 사람으로 인식하고 같은 문제 행동을 반복하게 된다. 따라서 무조건 화만 내지 말고 엄마가 어떤 행동을 할 것인지 아이에게 미리 말하는 게 좋다. 말을 할 때는 "이번은 봐주겠지만 다음에는 타임아웃을 시킬 거야!"라고 구체적으로 상기시켜주는 것이 좋다. 또, 실제로 똑같은 문제 행동이 나타났을 때는 처음에 이야기했던 대로 타임아웃을 시켜야 아이가 엄마의 단호함을 깨닫는다.

아이가 말썽을 피우거나 아이의 습관을 도저히 바로잡을 수 없을 것 같아 두려운 마음이 들 때가 많을 것이다. 이럴 때는 아이는 단 한 번도 성장을 멈춘 적이 없으니 절대 포기하지 말아야 한다는 생각으로 강해지자. 청개구리인 아이는 엄마의 노력 여하에 따라 180도 달라질 수 있다.

그리고 엄마도 힘들면 힘들다고 말하자. 이는 엄마 자신에게는 물론 양육에도 도움이 된다. 엄마가 힘들 때 아빠나 주변 사람들에게 도움을 요청하는 것은 충분히 정상적이고 건강한 마음이다. 간혹 엄마는 육아가 힘들다 보니 각종 매체에서 나오는 정보를 무턱대고 믿는 경우가 있다. 그런데 초보 엄마들에게 도움을 줄 수 있는 사람은 아이를 잘 키워낸 엄마들이다. 주변을 찾아보면 아이를 편안하게 키우는 엄마들이 분명히 있으며, 그 엄마들은 좋은 육아 정보 제공자가 될 수 있다. 따라서 아이를 키우면서 느끼는 많은 감정과 스트레스를 혼자 풀지 말고, 건강한 대인 관계를 유지하면서 많은 사람들을 만나보는 것이 좋다.

아이가 공격적인 행동을 보이는 이유는 자기감정을 표현하는 일이 서툴기 때문이다. 감정 조절이 안 되기 때문에 마음에 들지 않으면 무조건 폭력적인 방법으로 해결하려는 것이다. 이러한 경우에는 아이 행동에 대한 정확한 제지가 필요하다. 아이와 같이 화낼 것이 아니라 단호하고 차분한 목소리로 아이의 잘못된 행동을 지적해줘야 한다. 그래도 아이가 화를 낸다면 일단 기다려야 한다. 그리고 화가 난 원인이 무엇인지 확실하게 짚고 넘어가야 다음에 똑같은 상황이 벌어질 때 적절한 대응이 가능하다. 여기서 엄마가 아이의 마음을 제대로 공감해주지 않으면 아이의 폭력적인 행동은 계속 이어질 것이다. 아이가 진정되면 자신이 했던 행동에 대해 돌아볼 수

있도록 엄마는 마음을 활짝 열고 꾸준하게 아이의 행동 변화를 지

켜봐야 한다.

05 우리 가족 맞아요?

서로 다른 곳을 바라보는 가족의 건강한 관계 찾기

가족은 아이의 감정을 움직이고 성장시키는 가장 중요한 존재다. 무엇보다 부모와의 애착 형성은 성장기 아이에게 꼭 필요한 부분이다. 아이의 청개구리 행동은 불안정한 가족 관계 속에서 나타난다. 애정과 관심을 줘야 할 가족과 부정적인 상호 작용을 맺고 유대감을 느끼지 못할 때 아이는 불안해진다. 서로 다른 곳을 바라보고 있는 가족 속에서 아이도 마음의 문을 닫아버린다. 아이에게 부모의 존재감을 어떻게 찾아줘야 할까? 지금부터라도 가족이 하나 되어 감정을 공유하고 소통하면서 건강한 관계 맺기를 시작해보자.

두 얼굴을 가진 아이

6살 소리는 또래에 비해 불안감이 높고 낯가림이 심하며 겁도 많고 눈물도 많아 누가 봐도 매우 소심한 아이다. 그런데 소리는 유독 동생에게만은 과감하고 짓궂게 군다. 엄마가 눈치채지 못하게 동생을 괴롭히거나, 동생에게 심하게 장난을 치고 동생을 때리기까지 한다. 평소에는 겁쟁이에 울보대장인 소리가 동생만 보면 폭군처럼 돌변하니 엄마도 영문을 모르겠다. 동생을 괴롭히니 아이를 혼내지 않을 수 없는데, 막상 아이를 야단치면 소심한 아이가 몹시 기가 죽은 얼굴이 되어 눈물을 뚝뚝 흘리면서 용서를 빈다. 소심하고 겁많은 소리와 짓궂은 장난꾸러기 소리, 서로 다른 두 가지 얼굴을 가진 아이의 진짜 모습은 무엇일까?

아이는 엄마의 따뜻한 사랑과 관심 속에서 건강한 관계를 배워나간다. 세상에 태어나 가장 처음으로 만나는 존재가 엄마이기 때문이다. 하지만 아이의 요구에 엄마의 반응 속도가 늦다면 이야기가 달라진다. 아이는 엄마바라기인데 엄마는 다른 곳을 보고 있는 것이다. 소리는 엄마 뒤만 졸졸 따라다니고, 손님이 집에 오면 방으로 꽁꽁 숨어버리며, 낯가림이 무척 심하고, 다른 사람과 눈도 마주치지 못할 정도로 소심하다. 그러한 아이가 동생을 괴롭힐 때는 전혀 다른 아이가 된다.

소리에게 필요한 것은 다름 아닌 엄마의 관심과 눈길이다. 낯가림이 심한 아이에게는 부모의 지속적인 관심과 애정이 필요하다. 하지만 자녀 수가 많거나 직장에 다니는 엄마는 아이에게 집중할 수 있는 시간이 부족하다. 이때는 아빠의 역할이 매우 중요하다. 아빠의 양육 참여가 제대로 이루어져야 엄마가 좀 더 여유를 갖게 되고 아이에 대한 죄책감을 줄일 수 있다.

사실 낯가림은 아이에게 자연스러운 현상이라고 인식해야 한다. 대부분 3세 이전에 낯가림이 완화된다. 이후로도 계속 낯선 사람과 환경에 적응을 못한다면 엄마가 아이를 지나치게 과잉보호하고 있는 것은 아닌지 살펴봐야 한다. 이러한 엄마들의 특징은 아이가 외부 세계와 만나는 것을 엄마 선에서 차단하고, 늘 엄마의 시선으로 아이를 보호하려는 경향이 있다. 그러다 보니 아이는 혼자 할 수 있는 능력을 기르지 못하고 어느 순간 엄마 없이는 아무것도 할 수 없는 아이가 되고 만다. 낯가림이 더 진행되면 이후에 아이의 자신감이 떨어지고 친구와의 관계에서도 위축되어 제대로 된 또래 활동을 할 수 없게 된다.

엄마는 아이가 낯선 환경에 처할 때 아이를 자극시켜 섣불리 아이의 행동을 고치려 하지 말고, 서서히 여유를 가지고 아이의 긴장감을 풀어줘야 한다. 아이에게 낯선 사람, 낯선 환경에 대한 사전 설명을 해주는 것도 필요하다. 그리고 아이와 함께 다른 사람들과 어울리면서 단계적으로 아이의 긍정적인 변화를 이끌어내는 것이 좋다.

엄마는 소라가 겁이 많고 소심하며 잘 울고 엄마와 떨어지는 것을 극도로 두려워하는 것으로 단정지어 생각했다. 하지만 아이의 분리 불안 정도와 기질을 검사했을 때 엄마의 예상과는 전혀 다른 결과가 나왔다. 소리는 엄마에게 딱 붙어 있다가도 본격적인 놀이 검사가 시작되자 놀이에 천천히 집중하는 모습을 보였다. 엄마는 항상 소리가 낯가림이 심하다고 생각했지만, 소리는 사람들과 어울리거나 놀이를 좋아하는 아이였던 것이다. 엄마가 아이의 성향이나 기질을 정확하게 파악하지 못했기 때문에 전혀 다른 방향의 고민을 하고 있었다.

Goodbye 청개구리
아이에게 적절한 반응을 보여라

엄마가 아이의 요구를 즉시 들어주지 않고 "잠깐만!"을 입에 달고 살면 아이는 투정이 늘 수밖에 없다. 이렇게 아이의 요구에 엄마의 반응 속도가 늦으면 아이가 더욱더 엄마에게 집착하게 된다. 소리네 일상을 관찰한 결과 소리가 엄마를 찾거나 엄마에게 뭐 좀 보라고 해도 엄마는 소리를 제대로 쳐다보지 않고 다른 아이들을 돌보느라 아이의 요구에 반응이 더뎠다. 소리같이 엄마에게 애착 욕구가 강한 아이는 엄마가 자신에게 관심을 가지지 않으면 불안해지기 때문에 부정적인 행동을 해서라도 엄마의 관심을 끌려고 한다. 문제 행동은 엄마의 반응을 끌어내기 위해 아이가 꺼내든 비장의 카드인 것이다. 엄마와 놀고 싶고 좋은 관심을 받고 싶은 마음은 굴

똑같은데 아이가 말썽을 피우거나 나쁜 행동을 해야만 엄마의 이목을 끌 수 있으니 아이의 청개구리 행동이 끊이지 않는다.

친구들을 괴롭히는 아이의 이면에는 친구들과 놀고 싶은 마음이 크게 존재한다. "야, 놀자!"라고 하지 못하고 괜히 다른 아이의 장난감을 망가트리거나 머리를 잡아당기거나 하는 행동을 보이는 것이다. 소리는 아직은 불안감이 커서 또래 친구나 다른 어른들에게 공격적인 행동을 하지 못하고 만만한 동생을 괴롭혔다.

부모의 사랑을 독차지하다가 동생이 생기면 대부분의 아이들은 긴장감을 느낀다. 동생이 귀엽고 예쁘다가도 동생에 대한 질투심이 생길 수 있고, 동생인 아기처럼 행동하는 경우도 있다. 아이가 동생을 때리는 문제 행동을 보일 때는 무조건 화를 내거나 혼내지 말고 아이의 마음을 엄마가 충분히 이해하고 있다는 모습을 아이에게 보여줘야 한다. 동생으로 인해 생길 수 있는 아이의 속상한 마음과 엄마에 대한 실망감을 알아주고 공감하면 동생을 향한 아이의 감정이 누그러진다.

다만, 동생은 더 약한 존재이니까 함부로 때리거나 못되게 굴면 안 된다는 것은 명확하게 말해줘야 한다. 엄마가 "형(언니)답게 굴어라!"라거나, "이제 동생도 생겼으니 어린애처럼 굴지 마!"라는 말을 아이에게 하는 것은 적합하지 않다. 아무리 귀여운 동생이 생겼다 하더라도 아직은 엄마의 사랑을 빼앗길까 봐 불안한 마음이 먼저 드는 어린아이다. 동생을 때리고 못살게 굴었을 때 부정적일지언정 엄마의 관심을 받을 수 있으니 아이는 문제 행동을 일으키는 선택을 하는 것이다.

엄마는 동생이 태어났을 때 큰아이에게 더욱 신경을 써야 한다. 아이가 새로운 식구에 대한 마음을 열고 받아들일 수 있도록 믿음을 줘야 한다. 예를 들어, 갓난아기를 돌볼 때는 큰아이를 옆에 두고 엄마가 아이를 어떻게 보살피는지 보여주며, "○○아, 너도 이렇게 컸어."라는 이야기를 아이에게 들려주는 것도 도움이 된다. 또한, 동생에게 엄마를 빼앗겼다는 느낌이 들지 않도록 엄마와 단 둘만의 시간을 가지는 것이 좋다. 아이가 의젓한 행동을 보이면 아이를 칭찬해주는 것도 잊지 말자. 엄마가 아이를 혼내면서 다그치면 아이의 마음은 더욱 위축될 수 있다. 엄마 입장에서는 동생을 괴롭히지 말고 큰아이답게 행동하라는 것인데 아이는 엄마에게 야단을 맞는 행위 자체에서 자신감을 잃게 되기 때문이다.

아이가 누구보다 완벽하기를 바라는 엄마들이 있는데 아이는 아직 미성숙한 존재다. 이러한 아이에게 능력에서 벗어나는 행동을 강요하거나 기대에 미치지 못할 때 무시하는 태도를 보인다면 결국 아이의 자존감과 자신감만 떨어트리는 결과를 가져온다. 게다가 이와 같은 상처를 안고 자라는 아이는 어른이 되어 사회에 나가서도 자신의 존재에 대해 회의감을 느낄 수 있다. 자신감이 없고 겁을 먹는다는 것은 그만큼 아이의 내면에 불안감이 도사리고 있다는 것이다. 불안감을 잘 극복할 수 있어야 변화를 두려워하지 않는 성격으로 자랄 수 있다. 자신감을 기르기 위해서는 우선 주변 사람들의 칭찬이 중요하다. 그중에서도 엄마와 아빠의 변함없는 신뢰와 믿음이 아이에게 좋은 영향을 미친다. 아이가 스스로 해낼 수 있는 성공 경험이 많을수록 자신감도 함께 자란다. 진정한 자율성은 스스로를 이겨내고 좌절과 실패를 경험하면서 내면이 단단해지는 것이다. 아이를 강하게 키우고 싶다면 엄마의 태도부터 바꾸도록 하자.

소심한 울보이면서 느닷없이 악동처럼 변하는 두 얼굴을 가진 아이의 문제를 해결할 수 있는 실마리는 결국 '건강한 관계 맺기'다. 아이의 문제 행동을 고치기 위해서 매일 20분 '집중 놀이'를 통해 건강한 관계 맺기를 하는 것이 좋다. 아이의 불안한 감정을 낮추기 위해서다. 집중 놀이 1단계에서는 놀이 시작 전에 20분 놀이 시간에 대해 아이의 눈높이에서 설명하는데, 시계를 보면서 언제 시작하고 끝낼지에 대해 알려준다. 집중 놀이 2단계에서는 놀이 시작 전에 놀이 중단의 돌발 상황에 대해 이해시킨다. 예를 들어, 동생이 잠에서 깨면 동생을 안고 해도 되냐고 아이에게 물어보거나, 놀이를 지속할 수 있는 상황이 아니면 나중에 그만큼 더 놀아줄 수 있다고 설명한다. 이렇게 돌발 변수에 대해 아이에게 충분한 이해를 구하면 놀이가 중단되더라도 아이가 보채거나 울지 않는다. 그동안 엄마가 소리와 놀아주려 해도 동생 때문에 놀이가 중단되는 일이 많았고 그때마다 소리는 울고 보챘다. 그러면 엄마도 화가 나서 소리를 야단치게 되고 소리는 어린 동생을 원망하게 되었다. 만 4세 미만의 아이는 자기 입장밖에 헤아리지 못하고 엄마가 동생을 돌봐야 한다는 사실을 이해하기 힘들다. 마지막으로 집중 놀이 3단계에서는 엄마와 아이가 모두 즐김으로써 놀이를 완성한다.

보통 엄마는 아이와 놀아주는 것이 무척 힘든 일이라고 말한다. 아이처럼 놀이 자체를 즐겨야 하는데 엄마는 놀이를 숙제처럼 받아들이기 때문이다. 하지만 엄마가 놀이를 진심으로 즐기는 순간 엄마와 아이의 놀이의 질이 달라진다. 아이와 공감대가 형성되면 놀이 중간에 엄마가 다른 일을 하거나 혹은 시간이 없어 잘 놀아주지 못해도 아이 스스로 엄마를 이해하려는 마음이 생기게 된다. 더 이상 엄마의 뒷모습만 쫓는 형국이 벌어지지 않는다는 것을 아이도 알아차린다.

아이가 엄마로부터 건강하게 독립하려면 관계의 폭을 넓혀야 한다. '부모하고 자식 간에는 떨어져야 하는 순간이 있고, 대신에 얼마간의 시간이 지나고 나면 결국 다시 만나게 된다'라는 것을 아이가 배우도록 해야 한다. 미래에 일어날 일에 대해서 긍정적으로 생각하도록 만드는 것이다.

아이가 낯가림이 심하고 불안해하는 것은 문제가 아니다. 그것은 아이가 가진 특성일 뿐이다. 키가 큰 아이가 있고 작은 아이가 있듯이 낯을 가리는 아이가 있으면 낯을 가리지 않는 아이도 있는 법이다. 아이의 속도에 맞게 엄마가 기다려주고 미리미리 이야기하고 약속을 지켜주면, 아이의 불안감이 가라앉고 마음이 편안해질 것이다.

엄마가 아무리 노력해도 아이가 사랑받지 못한다고 느끼는 이유는 엄마가 아이의 마음을 온전히 읽어내지 못했기 때문이다. 물질적인 보상보다 중요한 것은 아이를 있는 그대로 이해해주는 마음이다. 엄마와의 공감이 제대로 형성되지 않으면 아이는 소외된 존재, 즉 부모로부터 관심받고 있지 않다고 생각하기 쉽다. 엄마와 아이가 아무리 대화를 많이 해도 서로 다른 이야기를 하고 있는 것과 같다. 아이의 마음을 읽는다는 것은 아이의 생각을 이해하는 것이다. 누구보다도 소중한 존재로 인식될 수 있도록 아이가 하고 싶어 하는 말을 들어주는 자세가 필요하다. 엄마가 아이에게 줄 수 있는 사랑의 표현은 스킨십과 칭찬이다. 몸으로 전할 수 있는 애착 형성이 스킨십이고, 말로 전달할 수 있는 것이 칭찬이다. 칭찬은 아무리 많이 해도 지나치지 않다. 잘해도 칭찬하고, 설령 못했어도 그동안의 노력과 과정을 칭찬해야 한다. 칭찬이야말로 부모가 아이에게 전달할 수 있는 건강한 사랑의 표현이다.

틈만 나면 싸워요

선지와 연지 자매는 매일 붙어 다니지만 10분이 멀다 하고 싸워댄다. 둘이 싸우면 큰딸인 8살 선지는 언니라는 이유만으로 엄마에게 혼나는 일이 많다. 엄마는 자신도 모르게 아이들이 싸웠을 때 언니인 선지를 먼저 야단치게 되어 미안한 마음에 달래주고 싶지만 방법을 모르겠다. 게다가 동생인 연지를 조금이라도 혼낼라 치면 억울하다고 하소연한다. 밥 먹듯이 싸우는 선지와 연지 자매를 말리는 게 힘에 부치는 엄마는 선지와 연지를 훈육하는 방식이 잘못된 것은 아닌지 고민스러워진다.

아이들이 자주 싸운다면 여러 가지 원인이 있을 수 있으며, 엄마가 아이의 마음을 먼저 살펴야 특정한 원인을 찾을 수 있다. 틈만 나면 싸우는 선지, 연지 자매의 원인은 엄마와의 애착 문제가 가장 컸다. 대부분의 엄마들은 아이들이 싸우면 한 살이라도 더 많은 큰아이가 너그럽게 양보해야 다툼이 해결될 것으로 생각하지만 그것은 아주 단편적인 부분일 뿐이다.

엄마는 아이들이 사이좋게 잘 지낼 때보다 싸우고 말썽을 피울 때 반응을 보이는 경우가 많고, 이러한 양육 태도는 아이들로 하여금 엄마를 애착 대상으로 느끼지 못하게 한다. 이를 바꿔 말하면 아이들이 싸우는 이유는 바로 엄마의 관심을 끌기 위해서다. 일상이 바쁜 엄마는 아이와 눈을 맞추는 시간마저 버겁다. 따라서 아이가 엄마에게 다가가려 해도 엄마는 아이를 봐주지 않는다. 아주 일상적인 부분에서만 소통이 이루어지다 보니 아이는 늘 엄마의 사랑과 관심에 목말라 한다. 만약 아이들이 하루 열 번 이상 싸운다고 치자. 싸움의 정도가 지나친 것은 아니고 엄마의 중재에도 특별한 문제점은 보이지 않는데 엄마가 훈육을 힘들어한다면 그 이유는 엄마와 아이들 사이의 소통의 문제에서 찾을 수 있다. 엄마 스스로 느끼지 못하는 사이에 엄마와 아이의 관계는 점점 멀어지고 있는 것이다.

아이가 문제를 일으킬 때만 반응을 보이는 양육 태도는 아이들이 엄마를 혼내는 사람이라고 인식하게 만든다. 자연히 아이와 엄마의 친밀도는 낮아질 수밖에 없다. 점점 멀어져가는 엄마와 아이의 마음의 거리를 좁히기 위해 어떤 긍정 소통이 필요할까?

Goodbye 청개구리
될 수 있는 한 아이와 많이 놀아줘라

일반적으로 아이와 소통할 때는 긍정적인 상호 작용이 부정적인 상호 작용에 비해 5배 이상 많아야 한다. 그런데 선지 엄마는 긍정적인 감정이 적고 정서도 약한 반면에, 혼낼 때는 강한 부정적 정서가 실리게 된다. 선지네를 관찰한 결과 부정 소통이 5라면 긍정 소통이 1로서 부정적인 상호 작용이 훨씬 많은 것으로 나타났다. 과연 선지와 연지 두 아이에게 엄마는 어떤 존재일까?

선지네 아침은 텔레비전과 함께 시작된다. 엄마와 아이들이 서로를 쳐다보는 시간은 5분도 채 되지 않았다. 쉬는 날에도 엄마의 시선은 대부분 텔레비전에 가 있고 아이들은 엄마 주변을 서성였다. 선지네 집에서 가장 사랑받는 것은 텔레비전이었다.

당장 텔레비전을 끄고 아이들과 눈을 맞추면서 긍정 소통을 늘리고 부정적인 상호 작용을 없애는 게 필요했다. 소통의 걸림돌인 텔레비전 시청 시간은 줄이고 아이들과의 놀이 시간을 늘리기 위한 노력도 병행될 필요가 있었다. 아이들도 엄마와의 약속을 지키기 위해 텔레비전 끄기에 동참했다. 엄마와 아이들은 텔레비전 소리가 사라진 집안에서 비로소 서로를 제대로 바라보기 시작했다. 다음으로 엄마에게 요구되는 과제는 아이들 기분에 맞춰 반응하고 웃어주는 다정한 엄마 되기였다. 아이들은 사소한 칭찬에 기분이 좋아지고, 마의 배려와 관심은 아이들의 마음을 따뜻하게 해준다. 투정을 부리지 않거나 작은 심부름을 했을 때 마음속에서 우러나오는 칭찬을 하면서 다정한 엄마가 되어주자.

엄마는 대부분 아이가 잘한 행동에 대해서는 아이를 칭찬하기보다는 당연히 해야 할 일을 한 것으로 여기고, 잘못한 행동에 대해서는 반드시 야단을 치는 경향이 있다. 하지만 아이에게 칭찬은 올바른 인성을 쑥쑥 키워주는 자양분이다. 따라서 좋은 행동에 대해 아낌없는 칭찬을 해줘야 하며 아주 작은 일에도 칭찬을 생활화하는 것이 좋다. 특별한 날이 아니더라도 평소에 일상생활 속에서 아이에게 칭찬할 수 있는 일은 무수히 많다. 아이 혼자 힘으로 충분히 할 수 있는 일을 찾아서 아이가 실천할 수 있게 하고 칭찬해주면 엄마와 아이의 관계도 훈훈한 방향으로 흐르게 된다. 엄마에게 자주 혼나는 아이는 언제 엄마한테 혼날지 모른다는 불안감으로 인해 행동에 제약을 받는다. 아이의 마음에 부정적인 정서가 생기기 전에 아이를 격려하고 칭찬하는 것이 곧 훈육의 기본이 된다.

사실 엄마는 아이에게 자신의 존재감이 없다는 사실을 받아들이기 힘들어한다. 하지만 엄마가 아무리 아이에게 최선을 다하더라도 미처 깨닫지 못한 습관적인 행동 때문에 아이와 엄마 사이가 멀어질 수 있다. 엄마와 선지도 놀이 관찰을 통해 친밀도와 애착 관계를 점검할 수 있었다. 엄마는 놀이 중에도 마치 수업하는 투로 말을 하며 적극적이지 않았다. 심지어 엄마가 잠시 자리를 비워도 아이들은 쳐다보지도 않고 그림 그리기에 몰두했다. 엄마가 어디 가는지 묻거나 엄마를 따라나설 생각을 하지 않는 것이다. 오히려 엄마가 사라지자 아이의 행동이 더 활발해졌다. 엄마와 친밀한 아이는 엄마가 사라지면 위축되고 울거나 떼를 쓰기 마련인데 선지, 연지 자매는 오히려 더 자유로워 보였다. 아이는 엄마가 있으면 통제된 상태였고, 없으면 한없이 자유로운 상태였던 것이다.

아이를 아무리 사랑해도 긍정적인 표현이 약하고 칭찬에 인색하다면 아이는 엄마의 진심을 알지 못한다. 엄마는 우선 목소리 톤부터 높이고 아이가 집중하고 신 날 때를 맞춰가야 한다. 조용할 때는 같이 조용하고 흥분했을 때는 같이 흥분하면서 아이의 기분을 맞춰주라는 것이다.

아이와 감정 소통을 하기 위해서는 아이의 감정을 알아주고 읽어주는 게 중요하다. '아이가 왜 울지?, 왜 화를 내지?, 왜 좋아하지?' 이러한 의문이 들 때 아이 감정을 읽지 못하는 것이 아닌지 고민하고 다시 생각해보면, 아이와 엄마가 상호 작용하는 데 있어서 감정 교류를 잘 하고 있는지 그렇지 않은지 확인할 수 있다.

엄마는 자신도 모르게 아이에게 화를 내며 "떼쓰는 이유가 뭐야?"와 같이 다그칠 때가 있다. 하지만 이렇게 질문하는 엄마는 아이가 이유를 인지하지 못한다는 것을 잘 알고 있다. 다만 이성적으로 통제되지 않아서 애먼 아이를 잡는 것이다. 어른들도 화가 날 때는 자신의 마음을 잘 모른다. 하물며 아이는 자신의 행동에 대해 정확하게 판단할 수 없다. 엄마가 아이를 잡고 이유를 묻는다고 문제가 해결되는 것은 아니다. 오히려 아이의 문제 행동의 강도만 더 세질 뿐이다.

아이가 화를 낼 때는 먼저 아이의 마음을 알아주는 게 중요하다. 아이는 당장 화가 풀리지 않아도 엄마가 다가와줬다는 사실만으로도 큰 위로를 받을 수 있다. 또, 아이의 감정 상태에 따라 대화로 해결할 수도 있고, 좀 더 두고 본 다음 나중에 다시 문제에 관한 이야기를 끄집어낼 수 있다. 아이의 마음을 알아준다는 것은 엄마와 아이 사이에 긍정적인 상호 작용이 싹튼다는 것을 의미한다. 마음 알아주기가 지속적으로 유지되면 아이의 문제 행동도 점차적으로 줄어들 것이다.

엄마와 아이의 감정 교류를 위해서 '로션 바르기 놀이'를 해보자. 자기 전에 엄마와 아이가 마주 앉아 서로의 손을 잡고 감정을 소통하는 것이다. 아이가 좋아하는 놀이를 통해 엄마도 아이에게서 위로를 받는 시간이다. 세상에서 가장 사랑하는 사람의 손으로 전해지는 따뜻한 온기와 사랑으로 아이의 마음이 언제까지나 촉촉할 것이다.

형제자매의 끝없는 전쟁

지원이는 호기심 많고 활발한 성격의 아이다. 이러한 지원이에게는 말 못할 고민이 있다. 4살 아래 여동생 예원이가 너무 밉기 때문이다. 지원이는 하루가 멀다 하고 동생과 다투는데, 예원이도 고집이 세서 남매가 한번 붙었다 하면 집안이 난장판이다. 심지어 지원이는 동생이 없어졌으면 좋겠다고까지 이야기한다. 동생 때문에 점점 거칠어지는 지원이를 보면서 엄마는 소리 지르는 게 일상이 되었고 아빠는 문제 상황을 회피하고 있다. 상반되는 엄마, 아빠의 양육 태도와 부부 갈등이 아이에게 어떤 영향을 미치는 걸까? 아이 행동을 전혀 통제하지 못하는 부부 그리고 가족과 유대감을 느끼지 못하는 아이는 멀어진 관계를 회복할 수 있을까?

아이들은 싸우면서 자란다지만 그래도 이왕이면 서로 배려하고 사이좋은 형제자매를 원하는 것이 부모 심정이다. 하지만 부모가 바라는 것과는 달리 현실 속 청개구리는 하루가 멀다 하고 전쟁을 일으킨다. 아무리 성격 좋고 다른 사람들을 배려하는 아이라도 집에서만큼은 엄마에게 동생보다 더 사랑받고 싶고 칭찬받고 싶어 한다. 특히 엄마, 아빠의 사랑을 독차지하다가 동생 때문에 밀려난 것 같은 마음이 드는 맏이에게는 동생의 일거수일투족이 마음에 들지 않을 수 있다. 엄마의 관심을 끌기 위해 일부러 동생을 괴롭히거나 싸우면서 자신의 존재감을 드러내기도 한다. 동생은 그저 질투와 복수심의 대상일 뿐이다. 이때 엄마가 동생 편을 든다거나 아이가 잘했을 때 칭찬해주지 않으면 괜한 심통을 부리고 그 스트레스가 고스란히 동생에게 전달된다.

일하는 엄마의 경우 바쁘다는 핑계로 아이와의 관계가 자꾸 멀어지면 아이 입장에서는 엄마에 대한 두 가지 마음이 생길 수 있다. 하나는 엄마의 사랑을 항상 갈구하는 마음과 또 다른 하나는 엄마를 애써 외면하는 마음이다.

지원이는 4살 때까지 할머니 밑에서 자랐고 태어난 지 4년 만에 엄마와 함께 지내게 되었지만 그마저도 동생이 태어나면서 엄마는 동생 차지가 되었다. 어렴풋한 기억에 엄마와의 좋았던 시간을 떠올리며 동생이 없었던 때로

돌아가고 싶은 아이의 마음이 자꾸 동생을 못살게 구는 행동으로 나타난 것이다. 그런데도 엄마는 지원이의 마음을 알아주기는커녕 나무라기만 하니 아이 입장에서는 서운한 마음이 들 수밖에 없다. 동생 예원이 역시 오빠가 그토록 자신에게 야박하게 구는 이유를 알 리 없다.

엄마의 문제적 행동은 여기서 그치지 않았다. 엄마는 아이들이 싸우고 비명소리가 들려도 바쁘다는 핑계로 쳐다보지 않았다. 아이가 자꾸 엄마를 부르는 행동을 할 때는 뭔가 하고 싶은 말이 있다는 것을 의미한다. 그런데도 엄마는 건성으로 통제할 뿐 아이들과 직접 소통하지 않았다. 이와 같이 모호한 엄마의 표현은 아이에게 전혀 훈육으로 와닿지 않는다.

게다가 지원이네는 남매의 끝없는 전쟁이 벌어질 동안 엄마의 목소리만 들릴 뿐 아빠는 어디에도 없다. 양육이 힘들 때면 부부 문제도 쉽게 풀리지 않는 경우가 많다. 아이들 앞에서 다투는 모습을 보이는 부부도 있는데, 아이들을 제대로 통제하지 못하는 아빠를 다그치면서 아빠의 권위와 위엄을 스스로 깎아버리는 행동을 서슴지 않는 엄마들도 있다.

Goodbye 청개구리
엄마, 아빠의 양육 방식에 균형을 잡아라

부모의 갈등이 지원이에게 어떤 영향을 주고 있을까? 그림 검사와 상담을 통해 지원이의 속마음을 읽어봤다. 지원이가 그린 집은 벽돌로 지은 튼튼하고 커다란 집이었다. 그런데 집 밖에는 전투기와 괴물 등 위험 요소가 그려져 있었다. 지원이는 바깥세상을 위협적으로 느꼈던 것이다. 그리고 그 큰 집을 아이 혼자 지키고 있었다. 기댈 어른을 찾지 못한 채 지원이 혼자 두려움과 마주하고 있음을 표현했던 것이다. 지원이가 그린 가족화에는 아빠와 지원이가 조금 가깝게 있고 엄마는 멀리 떨어져 있으며 동생은 아예 없고 자동차만 그려져 있었다. 가족과 유대감을 전혀 느끼지 못하는 아이의 마음이 그림에 그대로 드러났다.

부부의 문제 해결 방식은 아이에게 대물림되는 경향이 있다. 아이는 부모의 문제 해결 방식을 옆에서 보고 배우기 때문이다. 지원이네는 문제가 생기면 아빠는 도망가고 엄마는 집요하게 파고드는 편이다. 전혀 다른 부모의 양육 태도를 보면서 지원이를 발달시킨 것은 힘에 대한 중요성이다. 힘의 균형이 깨진 가정 안에서 지원이는 힘으로 문제를 푸는 잘못된 소통 방식을 익혀왔다. 아빠가 늘 회피하는 방식을 택했기 때문에 아이도 똑같이 아빠를 따라 하고 있었다. 그리고 말싸움을 잘하는 엄마의 모습을 또래 아이들이나 엄마에게 또는 만만한 어른들에게 그대로 보여줬다.

아이의 문제 행동이 엄마, 아빠 사이의 문제에서 비롯된 경우 부부 사이를 회복시키는 일이 우선시되어야 한다. 부부의 비정상적인 소통 방식이 아이가 또래 아이들과 관계를 맺는 데 있어서도 큰 영향을 끼칠 수 있기 때문이다. 무엇보다 편안한 가정을 위해서는 부부 사이의 힘의 균형이 중요하다.

싸우지 않는 부부는 없다. 싸우면서도 부부 사이가 유지되는 것은 부부 사이에 긍정적인 상호 작용이 존재하기 때문이다. 부부 사이에 이러한 긍정적인 상호 작용이 없으면 '내가 왜 이렇게 살고 있지? 이혼을 못해서 마지못해 사나? 아이 때문에 억지로 사는 건가?'와 같은 생각이 끊임없이 이어진다. 그렇기 때문에 먼저 부부간의 친밀도를 높이는 것이 중요하다. 부부 관계를 조금씩 회복해나가는 과정 속에서 아이와의 문제 상황도 점차 줄어들 것이다. 다투는 부모를 보고 자라는 아이는 정서적으로 외로움이 크고 문제 행동을 일으키기 쉽다는 것을 명심하자.

부부는 서로의 차이를 인정해야 한다. 결혼하고 마냥 좋다가도 아이가 생기고 생활에 부딪히게 되면 관계가 변할 수 있다. 더구나 아이를 키우는 양육관이 정확하게 일치할 수는 없다. 남자와 여자는 기질적으로도 성향이 다르며, 부부가 육아를 하면서 의견 차이가 나는 것은 당연하다. 다만, 대화를 통해 의견을 조율하는 과정은 반드시 필요하다. 흔히 엄마는 스스로를 양육의 주체라 여기고 중요한 결정을 내릴 때 아빠의 의견을 배제하기도 한다. 하지만 의도적으로라도 아빠와 육아 문제를 함께 의논하고, 양육에 있어서 아빠가 서툰 모습을 보이면 도와주고 양육의 중심으로 이끌어야 한다. 지원이네처럼 어느 한쪽이 일방적으로 주도하고, 다른 한쪽은 아예 포기하는 것이 가장 나쁜 사례다. 부부는 서로를 존중하면서 적당한 타협점을 찾아 상대방이 가진 입장을 이해하려고 노력하는 자세가 필요하다.

부부간의 친밀도를 높이기 위한 방법으로 매일 5분간 마주 보고 대화를 하는 것이 있다. 대화를 할 때 두 가지 원칙이 있는데 '배우자에 대한 비난 금지, 상대의 장점과 고마움을 찾아 칭찬하기'다. 싸움만 일삼던 아이들도 부모가 대화하는 모습을 보면 마음이 차분해질 수 있다. 부부 관계가 좋아지면 자연스럽게 양육에 대한 고민이 해결된다. 아이를 함께 키운다는 의식이 가장 우선시되기 때문이다.

자주 다투는 형제자매에게는 아이 스스로가 만든 규칙을 실천하게 하자. 특히 동생하고 싸우지 않기가 가장 최우선이 되도록 해야 한다. 아이가 다툼을 건강하게 풀어나갈 수 있도록 돕고 그 속에서 아이가 서운해하지 않도록 다독이는 것이 바로 부모의 몫이다. 아이에게 규칙을 가르칠 때 놀이는 가장 좋은 방식이다. 제멋대로 놀던 아이도 정해진 규칙 안에서 함께 놀면 규칙을 따라야 한다는 것을 배우게 된다. 그렇게 규칙을 익힌 아이는 또 한 걸음 성장하게 된다.

아이는 부모의 거울이라는 말처럼 삐걱거리는 부모 곁에서 아이가 청개구리처럼 자라나는 것은 어쩌면 당연하다. 청개구리 아이를 바로 잡기 전에 부모 스스로 좋은 롤 모델이 되고 있는지 생각해 봐야 한다.

건강한 가족 관계를 회복하려면 어떻게 해야 할까?

1. 가족 모두가 단합해서 아이의 문제 행동의 원인을 찾자.

2. 매일 20분 집중 놀이를 통해 건강한 관계 맺기를 하자.

3. 부정적인 상호 작용을 없애자.

4. 다정한 부모가 되자.

5. 부부간의 힘의 균형을 맞추자.

6. 부부간의 친밀도를 높이자.

부모와 아이가 함께 성장한다

01
화내지 않고 훈육하는 법

엄마는 왜 화가 날까?

엄마들은 가끔 아이에게 화를 내는 자신의 모습을 자각하고 당황할 때가 있다. 말 안 듣는 청개구리를 키우다 보면 어느새 소리 지르고 화내는 것이 일상화되어 마치 버릇처럼 아이를 혼내고 다그치는 말투가 자동적으로 나온다. 되도록 화를 내지 않고 아이를 키우고 싶지만 현실에 처했을 때 그리 쉬운 일은 아니다.

일반적으로 화가 나거나 분노에 이르게 되는 여러 가지 상황에 부딪히면 정상적인 판단이나 대처가 어려워진다. 양육도 마찬가지다. 엄마는 분노가 상승하면 벌어지는 상황에 대해 체계적으로 고민하거나 앞뒤 상황을 제대로 생각하지 못하는 경우가 많다. 대개 문제가 발생할 때 상대방이 분노의 원인이라고 단정하게 되는데, 엄마에게는 아이가 그 대상이 된다. '아이가 잘못했기 때문에 내가 화가 났고, 아이가 ○○하게 행동해야 하는데 그렇지 못해서 문제가 일어났다'라는 사고방식에 바탕을 두고 화가 나는 것이다. 심지어 아이가 화를 낼 때도 엄마를 향한 분노라 생각한다. 그리고 아이의 문제 행동이 절대로 고쳐질 수 없을 것이라는 좌절감이 몰려오기도 한다. 결국 엄마의 흥분 수준이 높아지면서 화를 참지 못하면 과장된 생각이 꼬리에 꼬리를 물면서 자신도 모르게 높아진 각성 상태에서 빠져나올 수 없는 것이다.

요크스-다드슨 법칙(Yerkes-Dodson Law)에 따르면, 각성 상태가 중간 정도일 때는 자신의 능력을 잘 발휘할 수 있는데 각성이 너무 떨어져 있거나 높으면 오히려 자기 능력 발휘를 잘 못한다고 한다. 즉, 분노로 인해 화가 나 있는 수준이 너무 높을 때는 스트레스를 줄이려는 노력이 어려울 수 있고, 효과적이고 적절한 판단을 할 수 없게 된다. 오로지 분노를 일으키는 사건의 일부분에만 초점을 맞추기 때문에 문제를 해결하려는 노력을 기울이기 어려워진다. 이렇듯 엄마가 분노와 화에 대한 조절이 불가능할 경우에는 자연히 아이에게도 좋지 않은 영향을 미칠 수 있다.

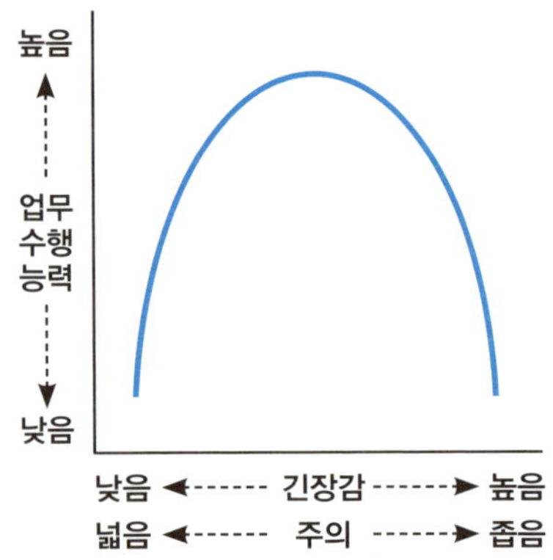

그렇다면 화가 나는 이유는 뭘까? 일반적으로 사람들이 분노가 생기는 이유는 상대방의 관점에서 바라보고 이해하지 못하기 때문이다. 또한, 벌어지는 상황에 대해 왜곡되고 부정확한 생각을 갖거나, 심지어 현실보다 과장된 생각을 할 때 화가 나게 된다. 분노의 70%는 대개 잘 알고 좋아하는 사람들에게서 일어난다고 한다. 다시 말해, 관심이 없거나 특별히 좋아하지 않는 사람들보다는 가정이나 사회에서 유대 관계가 있는 사람들과 더 밀접한 관련이 있다.

엄마 입장에서는 아이가 될 수도 있고, 남편, 친구, 주변 사람일 수도 있다. 가장 가까운 사람이 자신의 생각에 반하는 행동을 계속할 때 실망하게 되고, 왜곡된 마음을 갖게 되며, 도저히 해결될 수 없는 어려움이 있다고 판단해버리면 분노를 조절하기 어려워진다. 양육을 하면서 아이와 소모전을 벌이거나 대립 관계가 지속되면 이러한 감정이 극대화될 수 있다. 아이가 어떤 행동을 할 때 엄마를 괴롭히는 것이라고 단정한다든지, 화를 내는 아이의 의도를 제대로 파악하지 못하고 단순히 반항하는 행동으로 해석해버리면 분노가 쉽게 생길 수 있는 것이다.

문제 상황에 부딪혔을 때 아이의 화살이 엄마를 향하고 있다고 생각하게 되면 객관적인 시각을 갖기 힘들어진다. 그리고 엄마가 처음부터 아이가 처한 상황이나 컨디션, 기질, 발달 단계 등에 대한 고려 없이 무작정 아이가 잘못했다고 판단하는 것은 분노를 더욱 부추겨 상황만 악화시킬 수 있다. 대부분의 엄마들이 자신이 원하는 대로 아이가 따라주는 것이 당연하고, 아이의 행동을 통제하는 것에 당위성을 가지고 있는 것도 문제다. 엄마의 불확실한 신념으로 인한 행동 통제는 겉으로는 해결된 것처럼 보이더라도 나중에 비슷한 상황이 다시 발생했을 때 서로가 불협화음을 일으킬 가능성이 다분하다.

어른들처럼 아이들도 화가 나는 것이 당연하다. 하지만 엄마와 아이가 자제력을 잃고 분노를 표출하면 서로에게 상처로 다가온다. 따라서 부모로서 권위를 유지하면서 아이의 감정을 최대한 이끌어주는 유대감 형성이 무엇보다 필요하다. 평소에 아이가 화내는 상황에 대해 제대로 대처하지 못하고 오히려 엄마조차 화를 내면서 아이를 윽박지르면 필요할 때 적절한 훈육을 할 수 없다. 아이의 감정 상태와 아이에게 일어나는 여러 가지 상황을 제대로 파악하기 위해 엄마 스스로 분노를 줄일 수 있는 방법을 고민해야 한다.

화를 피할 수 있는 방법을 찾아라

평소 말을 잘 들을 때는 천사 같던 아이가 어느 순간 엄마 머리 꼭대기에 앉아 심통을 부리면서 미운 짓만 골라서 한다면 아무리 참을성 많은 엄마라도 화가 나기 마련이다. 아이가 자기 분에 못 이겨서 주변 사람들에게 피해를 줄 때는 더욱 난감하다.

육아를 전쟁이라고 표현하듯이 아이와의 줄다리기에 지친 청개구리 엄마들이 많다. 이는 누구에게 하소연할 수도 없는 고충이다. 엄하게 훈육하는 것이 바람직한 것인지, 아니면 무조건 맞춰주는 것이 최선의 방법인지 엄마 스스로 원칙을 세우지 못하기도 한다. 아이에게 좋지 않은 영향을 줄 것이라는 걸 알면서도 때로는 참지 못하고 심하게 화를 내는 경우도 다반사다. 우선 화를 내면 그 상황을 모면할 수 있기 때문이다. 화내지 않고 양육하는 것은 그만큼 멀고도 어려운 문제다. 아이를 양육하면서 문제 상황에 부딪혔을 때 화를 피하려면 어떻게 해야 할까?

먼저, 하려던 행동을 잠깐 멈추고 생각하는 자세가 필요하다. 심호흡을 하면서 쉬는 시간을 갖는 것이다. 한 번쯤 쉬어 가야겠다는 차분한 마음을 가지면 비로소 벌어지고 있는 상황을 제대로 볼 수 있는 여유가 생긴다. 잠깐 멈춰 서서 생각하면서 아이의 화내는 행동이 나를 향한 것이 아니라는 사실을 알아차려야 한다. 아이가 엄마를 타깃으로 삼고 있다는 생각을 하면 화가 사그라들지 않고 문제 또한 해결되기 힘들다. 엄마의 과장된 생각으로 상황은 점점 꼬일 수 있다. 결국 아이와의 관계 회복에도 어려움을 겪게 된다. 따라서 아이의 여러 가지 행동과 표현하는 말이 엄마 개인을 향한 비난이나 원망이 아니라 순수한 감정 표현이라는 것을 인식할 수 있어야 한다. 문제 상황에서 한 발 물러서서 바라보면, 좋지 않은 감정으로 흐를 수 있는 오류를 사전에 방지할 수 있고 차분하게 문제를 파악하여 준비할 수 있다.

화를 피할 수 있는 두 번째 방법으로 부모에게도 타임아웃을 주는 것이 있다. 타임아웃은 아이에게만 시행할 수 있는 게 아니다. 부모도 타임아웃이 필요하다. 사실 애착 측면에서는 아이에게 타임아웃을 할 때 부모를 위한 타임아웃이라고도 말한다. 타임아웃의 의미는 단순히 아이에게 벌을 주면서 그 시간 동안 엄마가 쉬는 시간을 갖는다는 게 아니라, 엄마와 아이 모두 변화할 수 있는 계기로 삼아야 한다는 사실도 함축하고 있다. 아이가 길고 지루한 시간을 견뎌내는 것을 배우고 자신의 행동에 대해 돌아보는 기회를 가진다면, 엄마 역시 혼자만의 시간을 갖거나 명상, 독서, 산책, 다른 취미 활동 등 관심을 기울일 수 있는 것을 찾는 게 좋다. 무엇보다 타임아웃은 서로 화가 나 있는 상태에서 아이와 감정적으로 부딪히는 것을 방지하고 상황이 악화되는 것을 막기 위한 행동이다. 때문에 이를 제대로 시행한다면 문제 상황을 새롭게 헤쳐나갈 수 있는 방법을 모색할 수 있다.

마지막으로 아이를 양육하거나 훈육할 때 부모와 아이만 있다고 생각하지 말고 그곳이 사람들이 많은 장소라고 가정해보자. 아이와 부딪히는 공간을 공공장소로 바꿔서 생각하면, 아이를 대할 때 어떤 행동이 바람직한 것인지 깨달을 수 있다. 여러 사람이 지켜보고 있다고 생각하면 공격적인 행동보다는 차분한 마음가짐으로 그 상황을 돌아볼 수 있게 된다.

분노가 발생하거나 화가 나는 것은 어쨌든 서로가 가지고 있는 감정의 불협화음에서 비롯된 산물이라 할 수 있다. 결국 화를 피할 수 있는 최선의 방법은 아이가 엄마의 마음과는 다르게 엇나간다고 실망하며 화내기보다, 아이가 가진 본래의 모습을 받아들이면서 관계를 회복하는 데 초점을 맞춰야 한다는 것이다. 열린 마음으로 바라보면 엄마와 대화하고 싶고, 자신의 감정을 있는 그대로 보여주고 싶은 아이를 만날 수 있다. '잠깐 멈추고, 쉬고, 마음을 가라앉히는' 일련의 행동이 엄마 자신의 화를 잠재울뿐더러 아이와 새로운 관계를 개척해나가는 데 도움을 줄 수 있다. 엄마가 화를 조절하는 모습을 보이면 아이 역시 서서히 화를 가라앉히는 법을 배우고 떼를 쓰는 경우도 줄어들 것이다. 또한, 공감하고 위로하는 엄마의 진심 어린 마음을 알게 되면서 애정지수가 높아짐은 물론 자아 존중감도 높아질 것이다.

화가 아니라 말로 감정을 표현하라

어렸을 때부터 화를 조절하는 습관을 들이지 못한 경우 어른이 되어서도 성격 형성에 영향을 미칠 수 있기 때문에 이는 매우 중요한 문제다. 부모 혹은 또래 집단과 감정 소통이 제대로 이루어지지 못한 채 청소년 시기를 거치면, 자신도 모르게 경직된 자아와 억눌린 화가 내재되어 있을 수 있다. 따라서 어렸을 때부터 화가 아니라 감정을 표현할 수 있는 습관을 들이는 것이 중요하다.

감정 다스리기는 누구에게나 힘든 일이다. 특히 육아를 하는 엄마에게 있어서 마음을 정리하고 다스린다는 것은 매우 어려운 숙제와도 같다. 아이와의 기 싸움에 지친 하루를 보내느라 스스로를 되돌아볼 시간조차 없지만, 그 어느 때보다도 자신의 마음을 가장 잘 다스려야 하는 시기가 바로 아이와 갈등을 겪는 지금이다. 엄마는 아이에게 일종의 큰 세상이라 해도 과언이 아니다. 이러한 아이에게 엄마가 화내고 짜증내는 모습을 자주 보이면 아이 역시 자기감정을 다스리지 못하는 사람으로 자랄 수 있다.

감정을 다스리지 못하면 그 감정은 고스란히 스트레스로 남는다. 어느 누구도 스트레스받는 것을 반기는 사람은 없지만 자신도 모르게 감정이 요동치는 것을 어쩔 수 없을 때가 있다. 같은 상황에서 스트레스를 받는 정도의 차이도 있다. 화만 내고 스트레스를 받으면서 감정을 다스리지 못하는 엄마가 육아를 하면 아이 역시 마음이 불안정하고 행복할 수 없다. 아이를 위해서라도 감정 다스리기는 꼭 필요하다. 그렇다면 어떻게 해야 감정을 잘 다스릴 수 있을까?

우선 감정을 가라앉히고 스스로를 돌아보기 위해서 인내를 배워야 한다. 기분이 좋지 않다고 감정을 죄다 표출하지 말고 시간을 두고 자신의 감정을 다스리는 것이 필요하다. 한 박자 늦춰서 생각하면 자신의 안에서 일어나는 감정의 정체를 파악할 수 있다. 그러고 나서 감정의 문제를 스스로 치유하기 위한 시간을 가지면 좋다. 화를 참으면서 안으로 삼키라는 것이 아니라, 속에서 번지고 있는 화의 정체를 알아내서 되새기는 것이다. 그러다 보면 시간이 지나면서 부정적인 감정이 점점 사그라들게 된다. 감정은 자신이 생각하는 바에 따라 달라지는 것이므로 참는 법을 배우면 새로운 육아 해결책이 보인다.

아이도 마찬가지다. 부모뿐 아니라 아이에게도 화를 참는 법을 가르쳐야 한다. 부모는 아이의 성장 과정에 맞춰 아이에게 인내심을 길러줄 의무가 있다. 떼쓰는 아이에게 곧바로 반응하는 것은 엄마가 감정을 잘 다스리지 못한 행동의 대표적인 예다. 아이의 감정을 다스릴 수 있는 방법은 바로 아이의 마음은 알아주되 행동은 통제하는 것이다. 마음은 있는 그대로 진심을 다해 알아줘야 하지만 동시에 아이의 잘못된 행동은 제대로 통제해야 한다.

육아를 하는 엄마에게 감정 코칭이나 마음 읽기라는 단어는 꽤 익숙하다. 육아에 관한 책, 강연, 텔레비전 프로그램에서 많이 나오는 말이기 때문이다. '감정 코칭'은 엄마가 아이의 감정을 읽을 수 있어야 좋은 육아를 하고 아이와의 관계 형성에도 도움이 된다는 뜻이다. 쉽지는 않지만 많은 엄마들이 감정 코칭을 하기 위해 노력한다.

여기서 중요한 것은 아이의 마음을 읽어준다고 해서 훈육이 제대로 이루어지는 것은 아니라는 점이다. 마음을 읽어주면서 행동 통제가 동시에 이루어져야 올바른 훈육이다. 엄마가 아이에게 감정적으로 이끌리다 보면 자칫 아이의 행동에 대한 통제를 간과할 수 있다. 아이가 꼭 해야 하는 일임에도 불구하고 하기 싫다고 떼를 쓸 때, 엄마는 아이의 진정성에 대해 들어주고 공감해줘야 하지만 거기에서 끝나버리면 결국 감정 소통만 한 것이 된다. 엄마의 바람대로 아이가 문제 상황을 스스로 헤쳐나가면 좋겠지만, 대부분의 아이들은 엄마가 받아주면 더 이상의 발전 없이 그 상태에서 상황을 종료시키며 하기 싫은 일은 안 해도 되는 것으로 간주한다. 따라서 어쩔 수 없이 아이의 문제 행동을 눈감아주는 일이 발생하더라도 아이에게 '지금은 네가 힘들어하니 받아주지만, 다음에는 반드시 고쳐야 한다'는 엄마의 의지를 표현해야 한다. 이것이 바로 제대로 된 감정 코칭이다.

아무리 마음 읽기에 대한 결심을 했다 하더라도 모든 상황이 엄마가 생각한 것처럼 평온하게 돌아가지는 않는다. 하루에도 몇 번씩 전쟁을 치르는 청개구리 아이를 키우면서 마음 읽기를 자주 하기란 그리 쉽지 않다. 그럴 때는 하루에 한 번이라도 시간을 정해 아이와 소통하는 시간을 가지면 좋다. 아이에게 엄마가 항상 관심을 가지고 있고 언제든지 대화할 준비가 되어 있다는 것을 보여주는 자세가 필요하다. 하루 1시간이라도 엄마와 대화하는 시간을 정해놓으면 그것이 습관화되고, 아이가 성장하면서 엄마와의 사이가 단절되지 않고 좋은 관계가 유지된다. 하지만 엄마는 기분이 우울하거나 좋은 상태가 아닐 때는 아이와의 감정 소통을 자제하는 것이 좋다. 아이에게 나쁜 영향을 끼칠 수 있기 때문이다.

감정 소통이 아닌 행동을 통제할 때는 명확한 지시를 내려야 한다. 감정만 받아주는 게 아니라 구체적인 행동을 유도해야 한다는 말이다. 아이가 힘들어하는 부분을 충분히 공감하면서도 잘못된 부분은 바로잡아야 한다. 행동을 통제한다는 것은 하지 못하도록 압력을 행사하는 것이 아니라, 아이가 스스로 깨우쳐 따라올 수 있도록 이끌어주는 것을 의미한다.

마음 읽기는 아이의 마음을 있는 그대로 인정하고 받아들이는 것이다. 겉으로만 이해하고 달래주는 데에서 그치지 않고, 진정으로 아이의 마음속에 들어가야 한다. 아이가 어떤 감정을 느끼고 있는지 찾아내어 좋은 감정이든 나쁜 감정이든 그 감정을 인정하면서 공감해주면 된다. 아이의 감정을 이해하기 위해서는 아이의 성향을 먼저 알아야 한다. 아이마다 가지고 있는 기질과 성향이 다르기 때문이다. 성향을 이야기할 때는 무엇이 좋고 나쁘다고 단정지을 수 없다. 좋고 나쁨을 말하는 것이 아니라 저마다 가진 색과 모양이 다름을 의미한다는 것을 알아야 한다.

부모가 생각하기에 아무렇지 않은 상황이라도 아이에게 크게 와 닿을 수도 있다. 그러니 아이의 입장에서 아이를 끌어안아주고 감정을 진정시키는 것을 우선으로 하고, 훈육은 일단 아이의 감정이 잦아들면 하는 게 좋다. 엄마는 스스로 화를 내지 않겠다는 자신의 결심을 지키고 최대한 감정을 다스려야 한다. 한 심리학과 교수는 '말'이야말로 효과적인 가정 교육을 위한 가장 강력하고 지속적인 도구라 했다. 이는 말을 통해 아이가 상처를 받을 수도 있고 행복을 느낄 수도 있다는 의미로, 부모가 아이를 양육할 때 말을 잘 활용해야 한다는 점을 강조한 것이다. 아이가 어릴수록 좋은 말을 효과적으로 활용하면 부모와 아이의 유대 관계를 높일 수 있고, 아이의 정서 지능이 높아지며, 양육 또한 바람직한 방향으로 흐를 수 있다.

화보다는 말로 표현하도록 하고, 아이 마음에 상처 주는 말, 겁을 주거나 위협하는 말은 금물이다. 아이는 엄마의 다정한 말과 따뜻한 몸짓에 행복감을 느낀다. 아이에게 이야기를 할 때는 말과 행동, 표정이 일치해야 정확한 의사 전달을 할 수 있다. 아이는 엄마가 하는 말의 내용보다 엄마의 표정을 먼저 읽는다는 것을 기억하자. 마음 읽기는 서로 소통하는 대화에서 나오는 법이다. 많은 엄마들이 소통을 통해 아이의 마음을 열어주면 아이가 올바르게 성장한다는 사실을 잘 알고는 있지만 이를 실천에 옮기는 것을 매우 힘들어한다. 그렇기 때문에 무엇보다 '좋은 대화'가 중요하다. 대화를 통해 엄마와 아이가 감정을 주고받을 수 있고 서로의 마음이 와 닿는 소통도 가능하다. 이때 엄마가 자신의 감정을 조절하지 못하면 대화는 당연히 중단될 것이다. 따라서 엄마는 최대한 솔직하게 아이와 마주할 수 있도록 좋은 감정의 끈을 놓지 않아야 한다.

가끔 아이에게 자신이 이루지 못한 꿈이나 목표를 투영하는 부모가 있다. 아이가 자신의 의사를 제대로 표현하지 못하는 어린 시절부터 부모의 뜻과 요구대로 길들여지는 것이다. 하지만 그렇게 자란 아이의 삶이 과연 행복한 인생이 될 수 있을지 고민해봐야 한다. 과거의 경험과 기억에서 벗어나지 못하면 아이와도 끊임없는 갈등이 이어지기 쉽고 결국 아이의 문제 행동의 단초가 되기도 한다.

02
행복한 양육으로 공감하라

부모와의 상호 작용이 아이를 변화시킨다

예전에 한 텔레비전 프로그램에 소개되었던 내용 중에 매일 10분씩 아이와 놀아주는 아빠가 있었다. 아빠는 평소에 아이와 잘 놀아주지 못해 미안한 마음에 퇴근 후 10분씩 놀아주자는 결심을 하고 실천하는 중이었다. 그러다 어느 순간 그 10분간의 놀이 활동을 소중하게 생각하는 자신을 발견하게 되었다. 놀이 시간에 집중하다 보니 놀이에 대한 계획을 세우게 되고, 놀이와 놀잇

감도 만들면서 아빠 스스로도 즐기고 있었다. 아이도 처음에는 그저 블록이나 쌓고 그림이나 그리는 놀이라고 생각했다. 하지만 점점 재미있는 놀이에 빠져들면서 하루 중 가장 기다려지는 시간이 바로 아빠와의 놀이 시간이 되었다. 긴 하루 중 단 10분이지만 아빠와 아이에게는 그 어느 때보다 소중하고 값진 시간이었다. "아빠는 맨날 일만 해?"라는 아이의 질문에 말문이 막혔던 아빠가 매일매일 아이와 소통하며 10분의 기적을 이루어낸 아주 좋은 예다.

아이와의 상호 작용은 그리 어렵지 않다. 아이가 좋아하고 관심을 가지는 지점을 포착하면 된다. 그것이 놀이든 독서든 여행이든 간에 부모와 아이 서로가 즐기고 소통하는 시간을 공유한다는 것이 중요하다.

어른에게 일이 있듯이 아이에게는 놀이가 있다. 아이에게 있어 놀이는 생활 그 자체다. 놀이를 통해서 상호 작용을 배우고, 운동 기능을 개발시키고, 언어가 발달하고, 환경을 탐색한다. 아이에게 있어서 놀이는 '꼭 해야 하는 것'으로 인식되며, 부모와 아이의 상호 작용이 이루어질 수 있는 최적의 조건이 바로 놀이다. 아직 말이 서툰 어린아이의 경우 자신의 감정을 최대한 표현할 수 있는 방법 또한 놀이다. 아이와 함께 놀이를 하다 보면 아이를 어느 정도 파악할 수 있다고 해도 과언이 아니다. 도대체 아이가 무슨 생각을 하고 있는지 모르겠다는 엄마는 마음을 터놓고 아이와 놀이에 빠져보자.

아이는 자신의 감정이나 생각을 놀이를 통해 발산한다. 좋아하는 감정, 싫어하는 감정이 모두 나타나는 무대가 바로 놀이 시간이다. 때로는 공격적인 모습을 보이기도 하고, 순수한 어린아이 그대로의 모습을 보여주기도 한다. 아이와 함께하다 보면 모든 행동에는 그만한 이유가 있다는 것을 알게 된다. 놀이는 온전하게 아이의 세계를 보여주며, 아이를 이해하기에도 놀이만큼 편한 것이 없다. 아이는 놀이를 통해 자신의 마음속을 드러내기 때문에 아이가 노는 모습만 잘 관찰해도 아이의 기분이 어떤지, 아이에게 어떤 문제가 있는지, 아이가 무엇에 관심이 있는지 파악할 수 있다.

부모가 아이와의 상호 작용을 어렵게 생각하는 이유는 무언가를 가르쳐야 한다는 고정 관념이 있어서다. 놀이를 할 때도 자꾸 알려주고, 하나라도 더 배우게 하려는 부모의 의도가 은연중에 드러나기 때문에 상호 작용이 어려워진다. 또는, 아이의 요구 사항을 따라가지 못해서 놀이를 버거워하는 부모도 있다. 체력적으로 부담을 느끼거나 부모 개인적으로 싫어하는 놀이를 아이를 위해, 아이가 좋아하니까 어쩔 수 없이 한다.

하지만 부모가 아이와 놀이를 통한 상호 작용을 하기 위해서는 아이가 놀이를 하면서 느끼는 즐거움이나 재미를 함께 느낄 필요가 있다. 부모가 아이의 감정을 이해하지 못하면 놀이는 부모에게 있어서 재미없는 노동에 불과할뿐더러 아이와 놀아주는 것도 어려워진다. 특히 하루 종일 아이와 씨름하는 엄마는 대부분 아이와 놀아주는 것이 고역이라 말하며, 놀이에 대한 아이의 갈증을 채워주기 힘들다는 고충을 토로한다.

하지만 놀이의 원칙은 간단하다. 아이와의 놀이 시간을 어려워하는 부모라면 규칙을 적용하거나 승부를 가리는 놀이에 집착하기보다는 교감 놀이를 해보는 것이 좋다. 아이와 교감할 수 있는 놀이는 정서적으로 아이와의 소통 상황을 점검할 수 있는 좋은 계기가 된다. 엄마와 애착 관계가 제대로 형성되어 있지 않으면 교감 놀이가 제 기능을 발휘하지 못한다. 아이가 어색해하고 눈치를 보면서 재미없어하기 때문이다. 하지만 이를 극복해야 교감 놀이가 아이에게 주는 긍정적인 효과를 얻을 수 있다. 함께하는 놀이, 배려하는 놀이를 통해서 아이는 엄마와의 좋은 상호 작용을 늘려간다.

교감 놀이의 가장 쉽고 효과적인 예는 로션을 바르면서 서로의 손을 문지르는 것이다. 엄마의 사랑이 고스란히 전해지는 최고의 놀이로서 엄마의 따뜻한 손길이 전해지면서 아이도 마음의 안정을 찾게 된다. 그밖에도 손을 직접 잡고 하는 놀이가 특히 아이와의 친밀감을 형성할 수 있는 좋은 놀이의 예다.

아이와 잘 놀아주려면 부모가 어린아이처럼 되어서 그 놀이를 본인 스스로 즐길 수 있어야 한다. 부모가 놀이를 즐거워할 때 아이도 즐거움을 나눌 수 있다. 부모가 아이와 놀이를 할 때 상상력을 갖춰야 아이의 놀이가 이해된다. 그러나 부모는 이미 어른이기 때문에 상상력이 위축되고 곧이곧대로 하는 경우가 많다. 예를 들어, 아이는 배가 없어서 나무토막을 가지고 '이걸 해적선이라고 하자.' 하고 마음속으로 합의를 보고는 "(이 나무토막은) 해적선이야!"라고 말하는데, 부모가 아이에게 "에이, 그게 무슨 해적선이야?"라고 이야기하면 산통을 깨는 격이 된다. 따라서 아이와 놀이를 할 때는 상상력을 최대한 동원하는 자세가 필요하다.

놀이 시간에는 언제나 아이가 주인공이므로 당연히 아이가 주도권을 가지고 있어야 한다는 사실도 잊지 말아야 한다. 부모가 나서서 놀이를 판단하고 통제하고 규칙을 정하면 이미 아이가 생각하는 놀이와는 멀어지게 된다. 놀이에 교육적인 부분을 접목시키는 엄마들이 많다. 그러나 엄마가 만족할만한 놀이 행동을 일방적으로 전개하는 것은 아이와의 소통을 가로막는 역효과를 낸다.

일례로, 아이가 가장 좋아하는 놀이를 하는데 엄마에게 야단맞는 일이 벌어진다면 아이로서는 더 이상 재미있는 놀이 시간이 될 수 없다. 엄마는 놀이를 통해 하나라도 얻을 수 있게 도와주려고 잔소리를 한다고 항변할 수 있으나, 이러한 엄마의 간섭이 반복되면 아이는 엄마를 최적화된 놀이 상대에서 제외시킬 것이다. 엄마가 놀이를 주도하면 아이는 놀이를 할 때조차 자신이 하고 싶은 대로 할 수 없는 데에 대한 짜증이 늘어나고, 놀이의 주도권을 빼앗김으로써 자기 효능감을 느끼지 못한다. 놀이를 통한 상호 작용이나 소통을 이룰 수 있는 길이 막혀버리는 것이다.

어느 정도 아이와의 놀이가 만족스럽게 자리 잡은 다음에 정해놓은 놀이 시간을 채웠다면 이후의 시간은 아이에게 엄마의 관심만 보여줘도 된다. 아이도 엄마에게 놀아달라고 떼쓰지 않고 엄마가 집안일하는 것을 이해하면서 혼자 노는 시간이 점차 늘어난다.

놀이를 통해 긍정적인 상호 작용을 만드는 것처럼 아이와의 부정적인 상호 작용을 없애는 것도 중요하다. 아이는 항상 부모의 사랑과 관심을 갈구하지만 육아와 일에 지친 부모가 이러한 아이의 마음을 몰라줄 때가 많다. 심지어 아이보다 텔레비전이나 스마트폰에 더 많은 관심을 두는 부모도 있다. 어른들은 자신의 의식적, 무의식적 행동이 아이에게 어떤 영향을 미칠지 고민해야 한다. 부모와 친밀한 관계를 형성하지 못한 아이는 정서적으로 감정이 메마르기 마련이다. 부모가 훈육할 때만 아이에게 반응하고 평소에는 무관심하다면 아이는 더더욱 부정적인 생각이 들 수밖에 없다.

아이를 사랑한다고 해도 긍정적인 표현이 약하고 칭찬에 인색하다면 부모가 먼저 변해야 한다. 긍정적인 상호 작용을 위해 우선 아이의 기분을 맞춰주는 것부터 시작하자. 무엇보다 가장 먼저 아이에게 집중하도록 한다. 신 날 때는 같이 신 나고 기분이 안 좋을 때는 같이 안 좋고, 아이의 감정선을 따라 부모의 기분도 함께 오르락내리락한다는 것을 아이가 알게 되면 좋다. 몸으로 놀아주는 것만큼 감정 교류도 중요하다.

아이의 정서 발달과 아빠 효과

언젠가부터 우리 사회는 양육에 있어 아빠 효과를 주목하기 시작했다. 전통적으로 가부장적이던 아버지상에서 벗어나 아이에게 친근하고 가깝게 다가가려는 아빠가 많아졌다. '프렌디(friendy : friend+daddy)'나 '헬리콥터 대디(자녀 주변을 맴돌며 돌보고 관리한다는 의미에서 헬리콥터라는 단어가 붙었고 자녀교육에 관심이 많은 젊은 아빠를 일컬음)'라는 용어도 더 이상 낯설지 않다. 이는 아빠가 단지 엄마에게 도움을 주는 제2의 양육자가 아니라, 아빠만의 존재 가치를 가지고 엄마의 양육과는 다른 고유 영역을 가지고 있다는 것을 말해준다.

아빠가 자녀의 사회성, 성취동기, 인성 등에 미치는 영향은 매우 크다. 어렸을 때부터 아빠와 잘 어울리고 감정적인 교류를 빈번하게 했던 아이가 커서도 사회성이 좋은 학생으로 성장하고, 친구 관계도 전반적으로 원만하며, 정서적으로도 문제가 덜 나타난다는 연구 결과가 많다. 뿐만 아니라 어렵고 힘든 사춘기도 무사히 넘길 수 있다고 한다. 특히 남자아이에게 있어서 아빠는 절대적으로 필요한 존재다. 아이가 성장할수록 엄마 혼자서 아이를 감당하기가 힘들기 때문이다. 남자아이는 엄마보다 덩치가 커지고 힘이 세지면서 엄마에게 반항하거나 엄마를 무시하면서 엄마의 관심으로부터 벗어나려 한다. 이때 남자 대 남자로서 제대로 된 성 역할을 가르쳐줘야 하는 사람이 아빠다. 여학생의 경우에도 아빠의 지지와 격려, 관심을 많이 받는 아이가 성취동기가 높다고 한다. 아빠는 학습적인 측면에서도 영향력을 발휘하는데, 아빠에게서 칭찬과 동기 부여를 자주 받은 아이가 공부에 흥미를 느끼기 쉽다. 아빠 애착도가 높은 아이가 전반적으로 목표 의식이 뚜렷하고 행동에 문제가 일어나는 일이 적다는 연구 결과도 있다.

이처럼 아빠는 아이의 성장 발달에 있어 중요한 영향을 준다. 그중에서도 아빠와 사이가 좋은 아이가 정서적으로 안정된 경향을 보인다는 것은 시사하는 바가 크다. 어릴 때는 엄마와의 정서적인 유대감이 크지만, 자라면서 아빠가 커다란 존재로 다가오고 관계가 안정되었을 때 강한 동기와 힘을 얻게 된다. 아빠는 단순히 재미있게 놀아주는 사람이 아니라 아이가 모르는 세상을 알려주는 사람이다.

아빠가 아이와의 친밀한 유대 관계를 유지하기 위해서는 아이와 긍정적인 상호 작용을 하면서 올바른 관계 맺기에 노력을 기울여야 한다. 특히 아이와의 소통을 위해서는 대화가 가장 중요하다. 아빠의 경우 엄마와는 달리 아이와 오랜 시간을 보내기 힘든 경우가 많아서 아이가 어떤 고민을 하는지 잘 모를 수 있다. 어쩌다 아빠가 관심을 가지려고 다가가면 아이가 낯설어하기도 한다. 어릴 때부터 아빠와 친밀한 환경이 조성되어 있지 않으면 사춘기가 지나고 어른이 되어도 가까워지기 어려운 관계가 되기 쉽다.

아빠는 주로 놀이나 운동, 체험 학습, 독서 등에 관심을 기울이면 좋다. 아이가 좀 더 크면 진로나 목표, 꿈에 대한 상담도 가능하다. 어떤 주제를 가지고 토론을 하거나 독서를 통해 삶의 지혜를 나누는 등 끊임없는 소통과 공감으로 아이가 자존감을 키울 수 있도록 도와주는 것도 아빠의 몫이다.

아울러 훈육을 할 때도 부모가 서로 역할을 나누면 좋다. 일상생활 습관은 엄마가, 공부 습관은 아빠가 잡아주면 아이에게 큰 도움이 된다. 아이의 습관을 형성하는 데에 있어서 아빠의 역할이 지나치게 축소되지 않도록 하루 한 번, 힘들면 일주일에 한 번이라도 아이의 상황을 체크하고 관심을 가져주는 노력을 해야 한다. 엄마처럼 아빠도 늘 곁에서 돌봐주고 있다는 것을 표현해야 아이도 안도감을 느낀다. 아울러 아이가 스스로 결정을 내리거나 그 결정에 책임을 지는 상황에서 아이를 도와주면서 아이의 자율성을 기르는 데 도움을 주는 역할도 아빠의 몫이다.

놀이는 정기적으로 시간을 정해놓고 거창하지 않아도 소박하게 아이와 함께 공유할 수 있는 것으로 선택한다. 의욕이 앞서 많은 것을 하려 하면 쉽사리 지친다. 아이는 놀이의 종류보다 아빠와 함께 보내는 시간을 더 소중하게 생각한다는 것을 기억하자. 무엇보다 놀이 시간에는 방해받지 않고 완벽하게 놀이에만 집중할 수 있도록 한다. 아이는 아빠와 많은 경험을 함께하면서 정서적으로 더욱 안정되고 세상을 살아가는 힘을 얻는다.

최근에는 아빠가 자녀 양육에 적극적으로 참여하면서 아빠의 역할이 많이 변했다. 하지만 여전히 가정에서 아빠의 자리는 벽이 높은 것이 현실이다. 아빠는 보통 아이에게 권위적으로 행동해서 신뢰를 잃은 아빠, 아예 아이에게 무시를 당하는 투명인간형 아빠의 두 유형으로 분류할 수 있다.

먼저, 권위적인 아빠의 경우다. 우리 사회의 평범한 아빠는 권위적인 아버지 밑에서 자란 경험이 대부분이며, 과묵하고 엄한 아버지의 모습을 당연하고 전형적인 아버지상으로 받아들인다. 하지만 사회는 끊임없이 변하고 있다. 요즘 가족의 상황은 예전의 가부장적인 분위기에서 많이 벗어나 있다. 가족 구성원 모두가 서로의 정체성을 인정해주면서 새로운 관계를 모색해나가고 있다. 따라서 아버지의 행동을 그대로 답습하는 것은 어찌 보면 시대에 뒤떨어진 행동이다. 아이와 속을 터놓고 편하게 대화를 나누는 일을 아빠의 권위를 떨어트린다고 생각해서는 곤란하다.

아이는 성장하면서 어느 순간 아빠를 찾는 때가 오는데, 엄마의 품 안에서 벗어나 사회로 나아가는 시점과 거의 일치한다. 남자아이의 경우 엄마에게 말 못할 고민이 생기면 적절한 대상을 찾게 된다. 이는 아빠와 자연스럽게 친밀한 관계 형성을 할 수 있는 좋은 기회인데, 아빠가 받아주지 않는다면 아이는 다른 대상을 찾는다. 아이가 마음을 주는 대상이 친구들이나 건강한 취미 활동이면 다행이지만 나쁜 일탈에 빠진다면 문제가 생길 수 있다. 아이는 아빠가 필요해 다가오는데 아빠가 알아채지 못하면 아이의 마음은 다른 쪽으로 기울게 되어 있다. 그럴 때는 아빠와 아이의 관계가 회복되기 어렵다. 어떤 아빠들은 영·유아기나 초등학교 때는 애착을 형성하지 않다가 아이가 사춘기가 되어 문제가 생기면 그제야 아이와의 관계 회복에 나서지만 이미 때는 늦다. 어릴 때부터 아빠와 애착 관계가 제대로 형성되어 있는 아이가 커서도 좋은 관계를 이어나갈 수 있다는 것을 명심하자.

아이가 아빠를 너무 만만하게 본다고 하소연하는 엄마들이 있다. 이때는 엄마가 나서서 아빠가 가족으로부터 소외당하지 않도록 배려해야 한다. 가정 내에서 제대로 된 아빠의 역할을 수행하기 위해서는 엄마의 관심과 도움이 절대적으로 필요하다. 권위적인 아빠도 문제이지만 너무 권위가 떨어진 아빠도 바람직하지 않다. 아빠는 가정 내에서 긍정적인 권위를 갖도록 노력할 필요가 있다. 아이가 아빠를 믿고 따를 수 있으며 존경할만한 사람이 되도록 노력해야 한다. 이는 아이에게 믿음을 주는 행동과 일관된 모습을 보여줘야 가능하다. 노력해도 힘들고 어렵다면 부인에게 도움을 요청해야 한다. 아이와 좋은 관계를 유지하기 위해 고민하는 것은 창피한 일이 아니다.

아빠가 일부러 강하게 권위를 내세우는 모습의 이면에는 가족으로부터 소외될지 모른다는 두려움이 깔려 있다. 물론 아빠 스스로 변해야 모든 것이 제자리를 찾을 수 있다. 가족과 함께 보내는 시간을 늘리고, 마음에서 우러나오는 따뜻한 관심을 유지할 수 있도록 끊임없이 노력해야 한다. 엄마 역시 아빠의 권위를 살려주면서 아이와 가깝게 소통할 수 있도록 아빠의 편에 서서 든든한 지지자가 되어야 진정한 아빠 효과를 볼 수 있다.

엄마, 아빠가 함께하는 양육

요즘은 어느 누구도 아빠의 육아 참여에 대해 이의를 제기하는 사람이 없을 것이다. 그만큼 예전에 비해 아빠의 육아 참여가 늘어나고 있는 추세다. 물론 여전히 아이는 엄마와의 애착 관계가 더 강하고, 엄마가 도와주지 않으면 아빠의 육아 참여가 제대로 이루어질 수 없다. 오죽하면 엄마는 아빠와 아이 사이에서 문지기 역할을 한다고 하지 않는가.

아빠와 엄마는 서로의 양육 방법이 달라서 고민에 빠지기도 한다. 아빠와 엄마가 의견이 다르면 아이 역시 혼란스러움을 겪는다. 그렇다고 해서 서로의 양육 방법에 대해 비난하거나 질책할 필요는 없다. 누구의 잘잘못을 따지기에 앞서 각자의 역할에 충실하고, 더 나아가 혹시 놓치고 있는 것은 없는지 서로의 의견을 들어주는 자세가 필요하다. 각자 불만만 늘어놓아서는 양육 문제를 해결할 수 없다. 특히 엄마는 양육의 주도권을 잡고 있기 때문에 아빠의 방법에 못마땅할 경우가 생길 수도 있다. 하지만 엄마의 노력 없이는 아빠의 육아 참여가 힘든 것이 현실이다. 또, 아빠의 참여가 엄마에게도 도움이 되므로 엄마와 아빠는 불가분의 관계인 것이다. 아빠도 아이가 문제 행동을 보일 때마다 오냐오냐해준 엄마 탓이라고 비난하지 않아야 한다. 양육은 함께하는 것임을 기억하자. 그래도 해결되지 않는 문제가 있다면 아이가 듣고 보지 않는 곳에서 이야기해야 한다.

각자의 양육 방법을 완전히 일치시킬 필요는 없지만 양육이 전혀 다른 방향으로 흘러가서는 안 되기 때문에 부부가 서로를 존중하면서 합리적인 타협점을 찾아야 한다. 그래야 아이에게도 기준과 원칙을 제시할 수 있다. 엄마는 잔소리만 하고 아빠는 받아주는 사람, 또는 아빠는 무섭고 엄마는 안아주는 사람이라는 이분법적인 부모의 모습을 보이는 것은 바람직하지 않다. 일관성 있게 규범과 원칙을 보여주는 부모의 모습을 아이에게 인식시키는 것이 중요하다. 엄마, 아빠가 함께한다는 메시지를 아이에게 전달하면서 부부가 역할을 충실히 수행하는 것이 함께하는 양육의 기본이다.

어쨌든 양육에 있어 부부는 한 팀이다. 엄마가 육아 스트레스를 덜기 위해서는 주변 사람들의 도움이 필요하다. 엄마를 가장 잘 이해할 수 있는 사람은 바로 아빠이므로, 엄마의 육아 부담을 덜어줄 수 있는 역할을 할 사람 또한 아빠다. 아이는 엄마의 사랑만큼 아빠의 사랑도 받고 자라야 한다. 엄마와 아빠에게서 받는 영향은 각각 다르다. 따라서 양육은 누가 누구를 도와주는 문제가 아니라 부부가 함께하는 것이 정답이다.

아빠의 양육 참여 여부와 더불어 양육에 참여하는 방식도 중요한 문제다. 예를 들어, 아빠가 긍정적으로 육아에 참여하면 효과가 크지만 아이를 무섭게 통제하는 역할로만 참여한다면 오히려 역효과가 날 수 있다. 더구나 엄마와 아빠의 양육 방식에서 차이가 있거나 갈등이 있을 때는 아이의 양육에 빨간불이 켜진다. 부부가 자라온 환경이 다르고 성격이나 생각이 완벽히 일치할 수 없기 때문에 당연히 양육 방식에 있어서도 차이가 있을 수밖에 없다. 문제는 누구의 방식이 옳다고 단정지어서는 안 된다는 것이다. 양육 방식에 차이가 있더라도 굳이 갈등을 일으킬 필요가 없고, 일치하지 않는 부분을 어떻게 풀어나갈지 고민하는 것이 더 현명하다. 양육에 있어서 엄마와 아빠의 역할과 영향력이 다름을 인정하고, 서로의 장점을 존중하고 부각시키면서 합리적인 방향을 생각하자. 의견이 다르더라도 다투지 말고 다양한 의견을 어떻게 양육에 접목시킬지 고민하는 것이 우선시되어야 한다. 특히 아이 앞에서는 비록 서로 의견이 맞지 않더라도 상대방을 공격하는 모습을 보이지 않아야 한다.

사실 평소에는 양육 방법에 차이가 있더라도 크게 문제될 게 없다. 하지만 아이를 훈육할 때는 좀 더 세심하게 신경 쓸 필요가 있다. 양육자의 태도가 확연하게 다르면 아이가 혼란스러워하기 때문이다. 아이가 규칙을 어겨서 엄마가 벌을 주는데 똑같은 상황에서 아빠는 눈감고 봐준다면 아이의 문제 행동을 개선할 수 없다. 부부는 훈육에 있어서만큼은 원칙대로 밀고 나가야 한다. 무엇보다 함께 아이의 문제점을 파악하고 어떤 규칙을 세울 것인지 사전에 고민하는 게 좋다.

그렇다면 엄마와 아빠는 양육을 하는 데 있어 어떤 점에서 차별성이 있을까? 아이는 아빠와 엄마에게서 각각 다른 영향을 받는다. 엄마가 주로 세심하게 보살피면서 정서적인 안정감을 준다면, 아빠는 아이에게 도전 정신과 성취동기를 부여해준다. 아이 입장에서는 엄마, 아빠의 양육 방식의 차이를 통해 다양성과 균형성을 동시에 얻을 수 있다. 균형성은 엄마와 아빠가 아이를 대하는 태도에서 나타난다. 실제로 사회생활을 하는 아빠가 집 밖으로 나가는 문을 열어주는 역할이라면, 엄마는 집 안에서 보호하는 역할이다. 그렇기 때문에 균형이 맞는 것이다. 아이에게는 집에서 조용히 책을 읽는 시간도 중요하고, 밖에 나가 뛰어놀면서 높은 곳에도 올라가는 등 다양한 도전 의식도 필요하다. 아이와 놀이를 할 때도 엄마와 아빠의 차이가 드러난다. 엄마는 보통 수렴적인 사고를 하고, 아빠는 창의적인 사고를 한다. 엄마가 모든 놀이에 교육을 접목시키려고 하는 경향이 있다면, 아빠는 교훈보다는 놀이라는 즐거움 자체에 집중한다. 또, 아이는 엄마에게서 언어와 인지 발달에 대한 자극을 받고, 아빠에게서는 신체적 발달에 대한 자극을 받는다.

이와 같은 균형이 적절하게 이루어지면 아이에게 큰 도움이 된다. 엄마, 아빠가 함께하는 양육이 자라나는 아이의 성장에 좋은 영향을 미치게 되는 것이다. 부부는 서로의 육아 지지자가 되고 각자의 장점을 받아들이는 자세가 필요하다. 그리고 되도록이면 아이에게 친밀하고 좋은 관계를 자주 보여주는 것이 좋다. 부부가 대화를 많이 나누고 스킨십을 하면서 원만한 관계를 유지해야 아이도 안정감을 찾는다. 물론 아이와의 스킨십도 자주 해야 정서적으로 좋은 영향을 줄 수 있다. 하루에 잠깐씩이라도 아이를 안아주고 사랑한다고 말하는 습관이 필요하다.

좋은 부모가 되기 위한 첫 번째 노력은 부부간의 갈등을 풀어내고, 서로를 신뢰하고 존중하는 태도를 갖는 것이다. 부부 관계가 좋지 않으면 아이도 행복하지 않다. 아무리 엄마, 아빠가 따로따로 아이에게 잘해주고 사랑을 주더라도, 아이의 마음속에는 채워지지 않는 빈 공간이 생기고 균형 있는 성장이 힘들어진다. 그러니 아이를 위해서라도 부부는 서로가 행복해질 수 있는 방법을 찾아야 한다. 아이를 잘 키우는 것에 앞서 부부가 행복해지는 방법부터 고민해야 하는 것이다.

엄마, 아빠가 서로 공감하고 솔직한 대화를 나누면서 생활하면 아이에게도 긍정적인 영향을 주어 아이의 성장에 도움이 된다. 하지만 부부가 심리적인 갈등으로 괴로워하면 아이도 위축되고 불안감이 쌓일 수 있다. 아이는 어른의 행동을 보고 배우며 자란다. 엄마, 아빠의 그릇된 관계는 아이의 바람직한 정서 형성을 방해한다. 따라서 서로 한 발 물러나 긍정적인 상호 작용을 되찾고, 부부간의 친밀도를 높이려는 노력이 반드시 필요하다. 서로를 배려하는 마음을 아이가 느낄 수 있도록 말이다.

영·유아기에 부모의 양육에 관한 원칙을 확실하게 정립해야 한다. 첫아이를 둔 부모는 엄마, 아빠라는 역할이 처음이며 인생에서 결혼만큼이나 낯선 경험이다. 이 시기를 놓치면 아이가 자라면서 사춘기가 되었을 때 제대로 된 부모 역할을 하기가 매우 힘들어진다. 따라서 부모라는 이름이 부끄럽지 않도록 스스로 준비가 필요하다.

사실 아이를 키우면서 맞닥트리는 난관은 대부분 부모 자신의 내면의 문제가 해결되지 않아서 벌어지곤 한다. 즉, 아이가 문제가 아니라 부모가 문제라는 말이다. 전문가들은 아이 문제로 상담을 받는 대부분의 부모들이 자신이 가진 오랜 상처에서 벗어나지 못하고 있다는 점을 지적한다. 그러니 엄마, 아빠의 상처를 먼저 치유해서 내면이 단단해진 후에 아이를 대해야 한다. 자신에게 당당하지 못한 부모가 아이에게 집착하는 것은 양육을 불안하게 만든다. 이러한 부모는 외부의 공격에 쉽게 무너지고 아이를 든든하게 잡아줄 수 없다. 양육에 대한 자신감은 부모가 흔들림 없이 주관이 바로 섰을 때 가능하다.

03

좋은 부모 8계명

하나. 애정과 친밀 : 다정한 말과 몸짓으로 사랑을 표현하라

엄마는 평소에 자신이 얼마나 아이와의 애착 형성에 노력을 기울이고 있는지 궁금할 것이다. 만일 '장난감을 더 사줘야 하지 않나?, 먹을 것에 신경을 써야 하지 않나?'와 같은 아이 외적인 부분이 많이 떠오른다면, 이러한 엄마는 아이와 애착을 맺기 위해 노력하고 있기보다는 아이에게 좋은 환경을 만들어주기 위한 노력을 하고 있는 것이다. 이와 같은 엄마는 상대적으로 친밀감과 애착 형성에는 관심을 덜 갖고 있을 가능성이 높다.

훈육을 하기 위해서는 아이와의 관계 형성이 우선되어야 한다. 다시 말해, 훈육을 하기 전에 엄마와 아이 사이에 친밀한 관계가 만들어져야 한다는 것이다. 아이를 충분히 칭찬하고 스킨십도 많이 하면서 평소에 애착을 잘 형성해놓은 상태에서 훈육하면 아이가 말을 잘 듣는다. 하지만 애착 관계가 전혀 없는 상태에서는 아이에게 엄마라는 존재가 딱히 좋은 사람이 될 수 없다. 아이에게 잔소리나 하면서 일관성 없는 양육 태도를 보이는 엄마나 다가가기 힘든 아빠가 좋게 비춰질 리 없다. 잘못된 훈육은 아이에게 반발심만 불러일으킬 뿐이다. 따라서 부모가 가장 먼저 할 일은 아이와 좋은 관계를 형성하는 것이다. 그렇다면 아이와의 좋은 관계 형성을 위해서는 어떻게 해야 할까?

우선, 엄마가 아이에게 관심을 가지고 꾸준히 긍정적인 피드백을 만들어내야 한다. 아이는 엄마가 보여주는 반응으로 인해 마음의 문을 열 수 있다. 사랑을 표현하는 방식인 스킨십이나 칭찬은 아무리 많이 해도 지나치지 않다. 그러니 다정한 말과 몸짓으로 사랑을 있는 그대로 표현하도록 한다. 여기서 주의해야 할 것은 사랑이 지나쳐 아이가 스스로 해야 할 일마저 대신 해주거나, 지나친 물질적인 보상은 지양해야 한다는 점이다.

요즘은 의존적으로 크는 아이들이 많다. 굳이 힘들이지 않아도 부모가 알아서 뭐든지 해주니 스스로 하려는 의지가 부족하고 자립심이 많이 떨어지는 것이 사실이다. 아이가 좀 더 커서 학교에 다니기 시작하면 이러한 현상이 더욱 심해지고, 이는 어른이 되어 사회에 나가서도 그대로 이어질 수 있다. 심지어 스스로 결정하지 않아도 부모가 알아서 정해주고 어른들이 시키는 일만 하면 무난한 인생을 살 수 있다는 위험한 생각에 빠질 수도 있다. 결국 의존적인 아이는 혼자 힘으로 인생을 계획하고 꿈을 이루기 위해 노력하는 건강한 삶의 모습을 일구어내기 어렵다. 그러므로 아이를 사랑하는 만큼 사랑하는 방법에 대한 강약을 조절하는 것에 대해 부모가 원칙과 기준을 가지고 있어야 한다.

애정과 친밀은 있는 그대로 보여주고 공감하는 것이다. 즉, 마음을 이해하고 읽어내는 작업이다. 갓 태어난 아기는 가장 먼저 애착을 형성한 엄마가 세상의 전부다. 아이는 커가면서 엄마의 보호 아래 안정감을 느끼고 싶어 한다. 하지만 유아기에 엄마와 불안정한 관계를 맺게 되면 문제 행동이 일어날 수 있고 정서적으로도 매우 불안하다. 아이는 엄마로부터 좋은 자극을 받아야 하는데 오히려 스트레스만 쌓이고 풀어낼 곳이 없게 된다. 엄마는 '내 아이가 이상한 것은 아닐까?'라는 생각보다는 '내가 아이에 대해서 너무 모르는 게 아닐까?'라는 생각으로 자신의 감정을 먼저 다스린 다음 아이의 마음을 두드려야 한다.

아이는 무조건 엄마 품에 안기기를 바란다. 다만, 환경과 여건이 그렇게 되지 않았던 것뿐이다. 따라서 아이가 엄마와 안정된 애착을 갖고 건강하게 성장하기를 바란다면 우선 아이의 마음 읽기부터 시작하자. 어릴 때부터 아이의 마음을 읽는 연습을 제대로 하면, 아이가 초등학교에 들어가고 사춘기가 되어도 아이와 친밀감과 유대감을 유지하기가 수월해지므로 성장 과정에서 나타날 수 있는 갈등에 대처할 수 있는 힘이 생긴다.

평소에 아이와 자주 수다 시간을 갖는 것도 좋은 방법이다. 아이와 이런 저런 이야기를 하다 보면 생각지도 못했던 아이의 고민을 우연찮게 알게 되기도 한다. 아주 사소한 이야기라도 귀 기울여 들어주는 엄마의 모습에서 아이는 신뢰를 갖는다. 아이의 이야기를 들어줄 때는 반드시 아이와 눈을 맞추고 소통해야 한다. 눈은 다른 곳을 향하면서 묻고 대답하는 것은 좋은 대화가 아니다. 아이의 수다를 들어주는 것 외에, 엄마 자신도 조곤조곤 고민을 이야기하며 아이와 주고받으면 아이가 엄마를 온전히 자기편으로 인식할 수 있다. 장난감 하나 더 사주고 맛있는 거 하나 더 먹여주는 것보다 아이 마음을 읽어내는 것이 훨씬 중요한 문제임을 명심하자.

둘. 공감 : 마음은 알아주되 행동은 통제하라

훈육을 할 때 아이의 마음 읽기와 행동 통제 사이에서 우왕좌왕하는 엄마들이 많다. 하지만 마음 읽기와 행동 통제는 모두 똑같이 중요하다. 마음 읽기와 행동 통제 중 어느 하나만으로는 아이를 키울 수 없다. 아이의 마음만 읽어주다 보면 아이가 자기감정을 다스리는 데 서툴러질 수 있다. 반면에, 아이의 마음을 읽어주지 않고 통제만 하는 경우 아이는 자발적인 자기감정 욕구를 잃어버릴 수 있다.

아이의 마음은 알아주되 행동은 통제한다는 것은 구체적으로 어떤 상황을 말하는 걸까? 예를 들어, 엄마가 분명히 안 된다고 규칙으로 정했는데 계속 해달라고 조르고 자기 뜻대로 하려 할 때는 아이를 통제해야 하는 상황이다. 그렇지만 동생이 아이의 장난감을 빼앗아갔거나, 아이가 정성껏 만든 것을 다른 사람이 망가트렸거나, 친구에게 놀자고 했는데 친구가 놀아주지 않았거나 하는 상황은 문제 행동이 아니다. 오히려 아이가 실망하고 좌절했을 가능성이 크기 때문에 아이의 마음을 알아줘야 할 상황인 것이다. 양육을 할 때 가장 중요한 것은 균형을 지키는 일이다. 마음은 알아주되 행동은 통제하는 것은 어려운 일이지만 너무 한쪽으로 치우치면 아이는 엄마가 원하지 않는 방향으로 성장할 수 있다. 마음 읽기와 훈육, 이 두 가지가 균형을 이룰 때 아이가 가장 잘 성장할 수 있다. 그렇다면 아이의 마음을 알아주되 행동을 통제하는 방법은 무엇일까?

마음 알아주기는 아이의 말을 잘 들어주는 것과 같다. 아이의 문제 행동을 해결하는 데에 급급한 것이 아니라, 아이의 말을 귀 기울여 들어주는 것만으로도 충분한 효과를 볼 수 있다. 엄마가 진심으로 아이가 말하고자 하는 바를 경청하는 것이다. 그러나 마음 알아주기가 아이의 요구를 무조건적으로 들어주고 모든 것을 허용한다는 의미는 아니다. 아이의 감정에 반응하고 아이의 말을 들어주면서 이해를 해준다는 데에 초점이 있다. 특히 아이의 감정이 폭발할 때는 아이의 마음을 먼저 읽어주고 그다음에 아이 행동의 잘잘못을 따지는 게 좋다. 이때 중요한 것은 상황이 진정된 후에 "네가 화가 난 것은 알지만 너의 그러한 행동은 잘못된 것이야.”라는 것을 반드시 정확하게 짚어 줘야 한다. 화가 난 아이는 엄마의 말에 100% 공감하지 못하더라도 엄마가 자신의 마음을 읽어줬다는 것만으로 위로를 받을 수 있다.

아이는 자신의 생각이나 의도를 정확하게 판단하지 못한다. 보통 엄마가 아이의 감정에 대해 이유를 묻는 경우가 많은데 이는 바람직하지 않다. ‘너 왜 그래?, 왜 그렇게 행동하니?’ 등의 질문은 적절하지 않다. 사실 아이도 자신의 마음을 잘 모를 때가 많다. 그리고 아이가 이미 화가 나 있는 상태라면 엄마가 아이에게 이성적인 질문을 던지는 것이 통하지 않는다. 어른들도 화가 났을 때 감정에 휩싸여 무슨 말이나 행동을 했는지 기억하기 힘들다. 아이들도 다르지 않다. 그러니 아이의 마음이 진정된 다음에 잘잘못을 따지도록 한다.

아이는 자기감정을 표현하는 것을 힘들어한다. 진정한 감정 코칭이란 엄마가 먼저 아이의 상태를 알아봐주는 것이다. 아이가 어떤 스트레스를 받고 있는지, 힘든 점은 무엇인지, 어떤 상황에서 예민하게 반응하는지 아이의 일거수일투족을 주의 깊게 살펴봐야 한다. 엄마와의 감정 소통이 제대로 된다고 생각하면 아이는 안정감을 갖게 된다.

아이와 정서적으로 교감하는 감정 코칭을 할 때는 무엇보다 엄마의 인내심이 요구된다. 보통 어른인 엄마가 더 참아야 할 일이 많아서 아이가 얄밉게 느껴질 수도 있다. 하지만 엄마가 감정을 참지 못하고 폭발하면 감정 코칭이 깨져버릴 수밖에 없다. 엄마 스스로 감정의 소용돌이에서 빠져나올 수 있도록 생각 자체를 바꿔야 한다. 그리고 불완전하고 미성숙한 아이를 온전히 이해하면서 좋은 점을 보려고 노력해야 한다. 엄마의 기준 또한 낮출 필요가 있으며, 아이를 다른 아이와 비교하는 것도 지양해야 한다.

걱정과 고민은 한번 시작하면 끝이 없기 마련이다. 아이를 있는 그대로 받아들이고 인정하는 연습을 한다면 결국 부모와 아이가 서로의 감정을 인식하는 감정 코칭이 완성된다. 아이도 자신의 가치를 알아주는 부모로 인해 더욱 성장할 수 있다. 부모와 아이가 함께 성장하고 변화하는 것이야말로 감정 코칭의 궁극적인 목표다.

아이의 마음을 알아줬다면 두 번째 단계로 구체적인 행동을 제시해야 한다. 아이에게 하기 싫은 것도 해야 한다는 것을 깨우쳐주는 것이다. 행동을 제시할 때는 친구처럼 말하는 게 아니라 어른으로서 단호한 태도를 보여야 한다. 뿐만 아니라 아이의 행동을 통제할 때는 그때그때 벌어지는 행동에 대해 말하지 말고 일정한 규칙을 정하는 게 좋다. 그래야 아이도 규칙에 따라 행동하는 것의 중요성을 깨닫게 된다. 행동을 분명하게 제시할 때는 대안을 주는 것도 좋다. 아이가 어떻게 행동해야 할지 모르고 있을 때 엄마가 옆에서 도와주면 아이는 좀 더 편하게 자신의 행동을 변화시킬 수 있다. 무엇보다 아이가 행동을 변화시킴으로써 좋은 결과를 얻으면 칭찬과 격려를 아끼지 말아야 한다.

육아를 하면서 공감을 형성한다는 것은 아이와 부모가 서로의 마음을 알아가는 과정을 말한다. 이 세상에 완벽한 사람은 없다. 다만, 서로에게 부족한 부분을 조금씩 이해하는 과정을 통해 공감을 이루어내는 것이다. 어른인 부모도 완벽하지 않은데 하물며 아이에게 완벽함을 요구할 수는 없다. 아이가 실수나 잘못을 했다고 실망하는 표정을 짓거나 화를 내지 말고, 오히려 아이를 격려해주면서 아이가 똑같은 일을 반복하지 않도록 이끌어주는 것이 필요하다. 부모는 아이의 속도에 맞춰 끈기 있게 기다리며 아이 스스로 이겨내도록 도와줘야 한다. 많은 부모들이 결국 아이의 문제 행동을 해결하지 못하고 백기를 드는 이유는 빠른 시간 안에 해결책을 찾으려 하기 때문이다. 서로의 한계와 부족함을 알고 마음을 알아주면 문제 행동을 놓고 어떤 것이 잘못되었고 어떤 것을 고쳐야 하는지 의견을 나눌 수 있다. 이는 화가 난 아이보다 부모가 먼저 마음을 진정시키고 진심을 느낄 수 있어야 가능하다.

결국 훈육도 소통인데, 부모는 일방적으로 가르치는 것이 아니라 아이가 배우고 익힐 수 있도록 도와주는 역할을 해야 한다. 지금 당장 건네는 좋은 말 한마디, 좋은 행동 하나가 모여서 결국에는 아이와의 소통이 이루어진다. 아이들은 아직 자신의 주장과 생각을 표현하는 데 익숙하지 않다. 그렇기 때문에 옆에서 도와주는 부모의 노력이 무엇보다 절실하다. 아이의 문제 행동에만 집중하지 말고 넓은 의미에서 아이와의 공감과 소통을 더 중요하게 생각한다면 잘못된 습관을 서서히 고쳐나갈 수 있다.

공감과 소통을 통해 얻을 수 있는 또 하나의 소득은 아이의 자존감 형성이다. 자존감은 아동기에 기초가 완성이 된다. 스스로의 성공 경험도 중요하지만 타인의 평가나 칭찬도 영향을 준다. 특히 가장 가까운 관계인 부모의 태도는 자존감 형성의 열쇠를 쥐고 있다고 해도 과언이 아니다. 어릴 때부터 가정에서 이루어진 긍정적인 자존감이 학교에 입학해서도, 사회에 나가서도 효과를 발휘할 수 있다. 따라서 아이의 행동에 지나치게 부정적으로 반응하거나 중요하지 않은 것으로 치부하면 아이의 자존감을 키우는 데 어려움이 생길 수 있다.

하루 종일 아이와 함께 지내는 엄마는 마치 아이의 마음을 다 아는 것처럼 자신하기도 한다. 그러다가 미처 알지 못했던 아이의 새로운 마음을 알아차리기라도 하면 당황하고 미안한 마음이 커진다. 사실 이론처럼 아이의 마음 읽기는 쉬운 일이 아니다. 아이의 마음은 어른들이 생각하는 것 이상으로 종잡을 수 없다. 다만, 아이의 마음에 다가갈 수 있도록 끊임없이 노력하는 자세가 요구될 뿐이다. 그래서 아이와 마음을 나누기 위한 상호 작용, 즉 놀이나 대화의 시간이 길어야 한다고 강조하는 것이다. 부모의 노력 여하에 따라 아이가 달라질 수 있다.

셋. 민감과 판단 : 아이를 관찰하고 기질에 맞게 키워라

엄마들은 내 아이의 울음을 구분할 수 있을까?

아이가 우는 이유는 매우 다양하다. 심통이 날 때도 울고, 심심할 때도 우는데 그 울음의 의미를 구별하지 않으면 양육하는 데 어려움이 따른다. 엄마라면 아이의 울음의 의미를 파악할 수 있어야 한다. 아이를 달랠 상황인지 아니면 내버려두어도 괜찮은 상황인지 엄마가 결정해야 하기 때문이다. 엄마가 해결해줘야 할 울음인지 아니면 가만히 지켜보고 잦아들기를 기다려야 할 울음인지 파악하는 것만으로도 양육하는 데 힘이 덜 들고 아이의 올바른 발달에 좋은 영향을 준다. 이처럼 평소에 아이를 관찰하고 민감하게 판단하는 것은 훈육을 하는 데 큰 도움이 된다.

떼쓰는 것이 유독 심해서 아이를 통제하기 힘들다는 생각이 들면 아이의 기질과 발달 상태, 양육 태도 등을 살펴볼 필요가 있다. 예를 들어, 수줍음이 많고 내성적인 아이를 보통 순한 아이로 표현하는데, 아이의 발달 상태가 늦어서 순한 것인지 아니면 기질적으로 스트레스를 받지 않는 것인지 판단해야 한다는 것이다.

쉽게 스트레스를 받고 화를 내는 아이는 다소 까다로운 아이로 엄마가 무척 힘들어하는 유형이다. 예민한 아이는 무언가가 마음에 들지 않으면 울고 떼쓰는 것으로 모든 문제를 해결하려 한다. 게다가 순한 아이보다 활동성이 강해 엄마가 다루기 어렵다. 이러한 아이는 감정 조절 능력이 떨어지고 공격적인 행동을 보이기 때문에 엄마와도 부딪히는 일이 빈번하게 발생한다. 만일 엄마의 성향이 아이와 비슷하게 활동적이고 공격적이면 충돌을 피하기 어려우며, 가뜩이나 힘든 상황에서 엄마의 양육 태도마저 불안하거나 원칙 없이 흔들릴 수 있다. 따라서 까다로운 아이의 버릇을 고치기 위해서는 부모가 아이와 대적하려 하거나 강압적으로 누르려 하지 말고 안정된 애착 관계를 형성하기 위해 노력해야 한다. 예민하고 스트레스를 잘 받는 아이를 둔 엄마는 스스로 양육 태도를 돌아볼 필요가 있다.

한편, 낯가림이 심한 아이는 대부분 겁이 많은데 새로운 사람이나 사물에 대해 극도로 거부감을 가지고 있는 것이 특징이다. 이와 같은 아이는 시간이 걸리더라도 엄마가 충분히 설명하고 이해시키면서 아이가 조금씩 세상 밖으로 나올 수 있도록 이끌어줘야 한다. 아이에게 강요하지 말고 친절하게 도와준다는 생각을 가지고 아이 스스로 상황을 판단할 수 있게 배려해야 한다.

사람의 성격은 타고난 기질에 환경의 영향이 합해져 형성된다. 아이의 발달 과정에서 나타나는 특징도 기질에 영향을 받으므로, 혹시 발달에 이상이 있는 것은 아닌지 염려된다면 아이의 타고난 기질을 함께 살펴보는 것이 좋다. 아이가 어떤 것에 관심을 보이고 친밀함을 표현하는지 또는 어떤 상황에서 스트레스를 심하게 받거나 거부 반응을 일으키는지 전반적인 상황을 살피면, 기질이 까다로운 아이, 순한 아이, 산만한 아이, 낯가림이 심한 아이, 집착이 심한 아이 등과 같은 성향을 파악할 수 있다.

아이의 기질에서 비롯된 행동에 대해 부모의 책임이라는 생각으로 좌절감이나 죄책감에 빠지면 아이에게도 나쁜 영향을 주게 된다. 발달 문제이건 기질 문제이건 혹시나 아이가 성인이 되어서도 똑같은 성격을 가질까 봐 겁을 내기도 한다. 부모는 일희일비하거나 초조해하지 말고 기다릴 줄 아는 마음가짐이 필요하다. 부모가 제대로 된 양육 태도를 가지고 아이가 성장하는 환경을 올바른 방향으로 바꾸기 위해 노력하면 아이의 기질은 그대로일지라도 성격은 충분히 변할 가능성이 있다.

까다로운 아이를 면밀하게 관찰하고 아이의 행동에 민감하게 반응하면서 아이의 문제 행동을 고쳐주려는 노력을 반복한다면 아이가 조금씩 변화하는 모습을 볼 수 있다. 화가 심한 아이가 짜증내고 울면서 소리 지르는 행동을 할 때 엄마가 잡아주지 못하고 같이 화를 낸다면 스트레스 상황은 나아지지 않고 아이의 기질도 변할 수 없다. 엄마의 불안정한 양육은 아이의 성격을 변화시키는 데 전혀 도움이 되지 않는다. 따라서 아이를 다루기 위한 효과적인 기술을 습득하는 것 또한 필요하다. 타고난 아이의 기질을 무시할 수 없지만 양육자의 태도나 상황도 함께 고민할 문제다. 아이를 변화시키고 싶다면 엄마의 성향이나 기질을 돌아보고 잘못된 점은 함께 고쳐나가려는 노력이 필요하다.

간혹 성장 과정에서 발달 문제를 겪는 경우도 있다. 아이가 성장하면서 자연스럽게 언어 능력과 사회성이 좋아지는 것이 일반적이다. 그런데 원래 순하다가 갑자기 통제가 안 될 정도로 변하거나, 발달이 더디거나, 다른 아이에 비해 유독 떼쓰기가 심하거나, 서로 눈을 맞출 수 없을 정도로 불안해한다면 전문가를 찾아 아이의 상태를 살펴보는 것도 좋다.

아이의 기질과 성향을 관찰하는 것과 함께 이루어져야 하는 일은 민감성을 키우는 것이다. 엄마는 아이가 심하게 울면 무슨 문제 때문인지, 어떤 욕구가 좌절되었는지 판단할 줄 알아야 한다. 마음을 읽어주는 작업은 아이를 관찰하는 것에서부터 시작된다. 그러니 평소에 아이에게 세심한 관심을 기울이는 게 좋다. "왜 화가 났니?"가 아니라 "○○한 문제로 화가 났구나!"라고 정확하게 집어서 말해줘야 아이도 엄마에게 감정을 표현하게 된다. 엄마는 아이의 의도를 보다 적극적으로 파악하기 위해 노력해야 한다. 울음과 마찬가지로 아이가 화를 낼 때도 이유는 다양하다. 아이도 어른들과 마찬가지로 부끄러움, 좌절, 실망 등 다양한 감정의 파장 안에서 산다. 아이가 화를 내는 이유를 판단할 수 있어야 훈육의 어려움에서 벗어날 수 있다.

아무리 최선을 다한다고 해도 아이는 자신이 가진 스타일이 있다. 엄마가 정해놓은 규칙과 바람대로 자라는 것이 과연 아이에게 도움이 되는 일인지는 숙고할 필요가 있다. 아이가 할 수 없는 것을 억지로 하게 하면 서로에게 스트레스다. 엄마와 아이 사이에도 궁합이 있기 마련인데 성격이 전혀 맞지 않을 수 있다. 엄마가 할 일은 아이가 가진 스타일과 특징을 관찰해서 알아내는 것이다. 그중에 지켜줘야 할 것은 지켜주고, 고쳐야 할 것이 있다면 관심을 갖고 지켜봐야 하는 것이다. 포기해야 할 점은 과감히 포기하면서 아이가 가진 능력을 키워주는 것이 엄마의 역할이다.

넷. 단호 : 훈육할 때 물러서지 말고 단호함을 보여라

훈육에서 단호함이란 부모가 지금 하고자 하는 것을 반드시 실행하는 것을 의미한다. 다시 말해, 엄마가 아이에게 "○○야, 텔레비전 그만 보고 들어가서 자!"라고 했을 때 화를 내고 아이를 체벌하는 것이 아니라, 그 말이 떨어진 다음에 아이가 텔레비전을 끄고 들어가서 잠을 자는 상황으로 끝나는 것을 의미한다. "이제 그만 놀고 와서 밥 먹어."라고 하면 1분 내에 행동이 이루어져야 한다. 이처럼 부모의 단호함이란 부모의 지시에 대해 아이가 바로 행동으로 옮기는 것을 말한다.

　많은 엄마들이 아이에게 화를 내서 아이로 하여금 엄마 말을 듣게 하는 것을 단호한 훈육으로 착각한다. 제대로 된 훈육을 위해서는 '단호함'을 화내는 것과 연관짓지 말아야 한다. 단호함은 과단성 있고 엄격하다는 의미로서 어떤 결심이나 태도를 철저하게 취하는 것이며, 화를 내거나 물리적인 힘을 가하는 것이 아니다. 즉, 단순히 화내고 소리치는 것이 아니라, 부모가 아이를 통제해야 할 때 짧고 명확하게 표현하는 것이며 문제 행동을 줄이기 위한 규칙을 만드는 과정이다. 아이는 부모와 친구 사이가 아니므로 단호하게 지시할 수 있는 관계가 되어야 한다. 훈육은 하루아침에 이루어지는 마법이 아니므로 아이의 행동이 개선될 때까지 부모는 포기하지 말고 단호함을 유지해야 한다. 단호함은 표현을 강하게 하는 데에 국한되는 성격의 것이 아니며, 아이의 행동을 바로잡으려는 의지다. 어떤 행동을 해도 통하지 않는다는 것을 아이에게 반복해서 학습시켜주고 문제를 일으키는 것을 제재하는 게 단호함이다. 아이도 처음에는 고집을 피우다가 결국 부모의 의지를 알아차리게 되고 아이 마음속에 나름대로 해야 할 것과 하지 말아야 할 것에 대한 기준이 세워진다.

말을 잘 듣지 않는 아이의 행동 수정 3단계는 다음과 같다. '1. 아이가 엄마의 말에 집중하는지 확인'한다. 아이가 이야기에 집중을 하고 있지 않는 한 엄마의 말을 따르기 어렵다. 그때는 하던 일을 멈추고 아이에게 가서 "엄마가 하는 이야기 들어봐." 하고 말하면서 '2. 아이의 눈을 보고 이야기'하는 것이 좋다. 아이가 집중했다고 생각되면 지시 사항을 간단하게 전달한다. "이것이 정말 중요하고 엄마는 진지해. 물러나지 않을 거야."라고 아이에게 보여준다. 구구절절 이유를 설명하는 것보다 아이가 뭘 하기를 원하는지 아이에게 '3. 간단하고 명확하게 전달'해야 아이는 그 행동을 바로 실천에 옮길 수 있다.

엄마가 지시하면서 분명하게 말하지 않고, "뭐 할까?"라는 식으로 질문하면 결국 엄마가 다 알아서 해주는 상황을 초래하게 된다. 또한, "해줄래?"라고 부탁하는 말투도 바람직하지 않다. 아이가 떼를 부려도 엄마는 흔들리지 않고 엄마의 원칙을 단호하게 지켜나가야 한다. 그리고 어떤 문제 행동을 일으켰을 때 제재를 가해야 하는지에 대한 원칙도 세워야 한다. 타인에게 피해를 주었거나, 똑같은 행동을 반복하거나, 폭력을 쓰는 등의 경우는 행동을 제지하겠다고 미리 알려주고 행동을 제지할 때의 결과까지 아이가 알 수 있게 한다. 아이에게 말로만 혼낸다고 하고 실행에 옮기지 않으면 행동을 통제하는 효과가 전혀 없다. 단호한 부모는 말과 행동이 이랬다저랬다 하지 않는다. 아이를 변화시키기로 결심했다면 아이가 바른 행동을 할 때까지 뚝심 있게 진행해야 한다.

물론 단호함 속에서도 부드러움은 필요하며, 해선 안 되는 행동에 한해서 단호함을 보여야 한다. 아이 입장에서 부모가 늘 단호하면 무섭고 화만 내는 사람으로 생각될 수 있기 때문에, 적절한 시기와 표현 방법을 찾아보고 어른으로서 보일 수 있는 권위와 강압 사이의 경계를 지켜야 한다. 중요한 점은 아이에게 공포감을 형성하지 않아야 한다는 것이다. 아직 어린아이에게 불안함을 심어주는 것은 이후에 오랜 기억으로 남을 수 있어 성장 발달 측면에서 좋지 않다. 화내지 않고 단호한 부모 되기는 쉽지 않지만, 아이에게 부모의 생각을 정확하게 전달하는 것이라 이해하면 된다. 아이를 잘 키우기 위해서 아이에게 잘해주고 아이를 예뻐하는 것 말고도 부모가 해야 할 역할이 있음을 명심하자. 부모가 단호한 행동을 보이면 아이 스스로 떼를 써도 안 되는 것이 있다는 것을 깨닫는다. 부모는 아이의 행동에 제재가 가해진 이유를 설명해주고 앞으로 해야 할 행동에 대한 대안을 제시해주면 된다.

엄마들 사이에서 꾸준한 인기를 누리고 있는 프랑스식 교육법은 아이를 독립적으로 키우지만 부모의 권위는 지킨다는 것이 주요 핵심이다. 아기를 갓 낳은 엄마라면 누구나 '백일의 기적'을 꿈꾸면서 어서 그날이 오기를 오매불망 기다릴 것이다. 갓난아기가 백일이 지나면 비로소 자다 깨다를 반복하는 수면 습관이 없어지기 때문이다. 하지만 우리나라의 부모가 밤잠 못 자면서 아기를 어르고 달래면서 아이와 함께 밤을 지새우는 것과는 달리, 프랑스의 부모는 생후 6개월 이전을 수면 교육을 완성하는 시기로 본다고 한다. 아기의 행동에 무조건 반응하지 않고 아이를 관찰하면서, 부모의 도움이 반드시 필요한 경우와 아이의 성장 과정에서 자연스러운 현상으로 지켜보기만 하는 경우를 정확히 파악하는 것이다.

　이러한 양육 태도는 아이가 자란 다음에도 마찬가지다. 아이가 떼를 쓰고 반항하는 것에 대해 정상적인 발달 과정으로 간주하기 때문에, 이를 예민하게 받아들이면서 함께 맞서지 않고 애초에 단호한 태도를 가지고 아이를 대한다. 부모는 아이가 힘들어하거나 좌절하는 모습에도 마음이 약해지지 않아야 하며, 아이가 심하게 떼를 부리면 아예 무반응으로 일관하는 것도 하나의 방법이라고 조언한다. 부모가 아이에게 무조건 맞춰주지 않고 단호한 태도를 취하면 아이의 저항의 강도는 점점 줄어들게 된다. 그리고 시간이 지난 후 아이가 안정이 되면 자신의 행동을 깨닫고 부모의 반응을 이해할 수 있다.

　떼가 심한 아이는 기본적으로 자기감정을 조절할 수 있는 능력이 부족하다. 아이가 유난히 폭력적이거나 심하게 고집을 피우면서 스트레스를 부리면 엄마와 소통이 제대로 되고 있는지부터 파악해야 한다. 아이가 마음의 문제를 털어내기 위해서는 가장 가까운 엄마와 소통이 되어야 하는데 그렇지 못하면 울거나 짜증으로 이어진다. 더 나아가 아이가 폭력적인 성향을 보인다면 반드시 공격성의 원인을 파악해야 한다. 아이의 폭력적인 행동은 처음부터 잡아줘야 한다. 그대로 놔두면 아이가 폭력을 통해 모든 문제를 해결하려는 나쁜 습관을 가지게 된다.

　부모의 권위와 단호함은 때로는 아이의 행동을 변화시키기 위한 강력한 수단이 될 수 있다. 양육에는 수많은 변수가 있고 정답은 없다. 하지만 아이의 성격과 처해진 상황에 맞는 일관된 기준이 있다면 적어도 아이를 잘 키울 수 있다는 자신감이 생긴다는 것을 명심하자.

다섯. 감정 조절 : 생기지 않은 일로 불안해하지 마라

아이와의 소통에 있어서 감정 읽기는 매우 중요하다. 평소에 '아이가 왜 울지?, 왜 화를 내지?, 왜 좋아하지?' 등과 같은 의문이 많은 엄마는 아이의 감정을 제대로 읽지 못하고 있는 것은 아닌지 되돌아봐야 한다. 이는 엄마가 아이와 상호 작용하는 데 있어서 감정 교류를 잘 하고 있는지의 여부를 가늠할 수 있는 팁이 된다.

부모는 아이를 기분 좋게 해주는 것이 양육에 있어서 가장 중요하다고 생각한다. 그런데 그보다 더 중요한 것은 아이가 기분이 좋을 때뿐만 아니라 그렇지 않을 때에도 자기감정을 조절할 수 있는 능력을 키워주는 게 더욱 중요하다. 아이가 슬프거나 좌절하거나 불행하다고 느낄 때 스스로 좌절감에서 벗어날 수 있도록 감정 조절 능력을 길러주는 게 필요한 것이다. 아이는 힘든 감정을 느낄 때 오뚝이처럼 훌훌 털고 일어날 수 있어야 한다. 그러나 부모가 아이의 감정을 받아주기만 하다 보면 짜증나거나 불편한 감정을 참는 방법을 배우지 못한다. 서로 말이 통하고 조금씩 자기감정을 나타내는 시기부터 인내심을 가르치자. 문제 상황에 닥쳤을 때 엄마를 비롯한 어른들이 먼저 해결해주면 아이가 스스로 견딜 수 있는 힘을 차단하게 된다. 아이가 좌절 경험을 겪어보는 일 또한 중요한 성장의 일부분이며, 혼자 힘으로 치유하는 과정을 통해 다시 시작할 수 있는 능력을 배운다.

아이에게 감정을 조절하고 참는 방법을 가르치면서 엄마가 자신의 감정을 이기지 못한다면 이 또한 곤란하다. 엄마가 불안한 감정을 가지면 그 마음이 고스란히 아이에게 전해진다. 밖으로 드러나지는 않지만 어른보다도 더 불안해하고 눈치를 보게 된다. 엄마들 중에는 육아가 체질에 맞지 않는다며 우울증을 호소하는 경우도 있다. 심신이 힘들어서이기도 하고, 자신의 육아에 잘못된 점은 없는지, 아이에게 잘하고 있는 것인지 등과 같은 강박증에 빠져 있기도 하다. 육아를 너무 완벽하게 해내려는 생각은 문제가 될 수 있으며, 잘못하고 있다는 자괴감에 빠지는 것 역시 좋지 않다. 주변을 살펴보면서 괜한 비교를 하는 것도 도움이 되지 않는다. 수많은 정보가 쏟아져도 내 아이에게 맞는 육아 방식은 따로 있다. 그것을 가장 잘 아는 사람은 엄마다. 엄마가 소신을 가지고 중심을 잡는 것만이 건강한 육아의 지름길이다. 그래도 나아지는 게 없고 어려움이 반복되면 전문가나 주변 사람들에게 도움의 손길을 요청해보는 것이다.

엄마가 육아 강박증을 가지면 아이의 정상적인 발달에 치명적인 영향을 미친다. 완벽한 육아를 꿈꾸는 엄마가 좌절하거나 실패할까 봐 전전긍긍하는 모습은 육아 강박증의 대표적인 사례다. 아이에게 최고의 환경을 만들어줬지만 아이가 엄마 뜻대로 따라오지 못하면 초조해진다. 그러다 보면 본의 아니게 아이를 다그치게 되고 엄마와 어긋난 아이의 문제 행동은 더욱더 심해진다. 아이가 최고가 되기를 바라는 엄마는 기대한 만큼 실망도 커진다. 엄마의 이러한 강박증은 아이의 성장과 발달에 전혀 도움이 되지 않는다. 정상적인 아이의 발달 과정을 인정하지 못하고 조급하게 굴면 아이도 혼란스러워한다.

엄마는 마음의 여유를 가질 필요가 있다. 그렇다고 해서 문제 행동을 보이는 아이를 마음껏 풀어주라는 의미는 아니다. 다만, 작은 일에 연연해 불안한 시간을 보내지 말라는 것이다. 지금 당장 아이에게 가장 문제가 되는 상황에 집중해서 함께 풀어나가야 하는데, 이러한 부분을 외면하고 아이의 능력에 맞지 않는 옷을 계속 입히려 든다면 아이와의 감정 소통은 더욱 멀어질 수밖에 없다. 엄마는 조급하게 굴지 말고 화내지 않는 감정 관리가 필요하다.

부모는 아이에게 필요한 길을 열어주는 사람이다. 그 길을 어떻게 만들어 나가느냐는 부모와 아이 모두에게 중요한 과제다. 부모가 아무리 의욕을 가지고 앞서나가도 아이가 잘 따라오기 힘든 경우가 많다. 하지만 천천히 여유를 가지고 아이를 기다려주는 것이 부모이고, 이러한 경험을 통해 아이는 더욱 성장한다.

아이는 부모가 하는 말과 행동 하나하나에 무척 민감하다. 따라서 엄마가 스트레스를 받으면 엄마와 긴 시간을 함께 보내는 아이에게 고스란히 그 영향이 전해진다. 이는 우울한 엄마와 지내는 아이에게 공격적인 성향이 나타나는 것과 같은 이치다. 부모의 문제적 모습은 아이에게 바로 전해진다. 엄마나 아빠가 주변 가족들이나 친구, 이웃과의 관계를 제대로 풀어내지 못하면 아이에게도 불안증이 생길 수밖에 없다. 아무리 아이 앞에서 표현하지 않는다 해도 아이는 다 알고 있다. 평소에 아이의 마음을 얼마나 안정되게 해주느냐가 결국은 아이의 감정 조절 능력을 길러줄 수 있는 바탕이 된다. 그러니 부모 스스로 평소에 자신의 감정을 다스리는 법을 연습해야 한다.

감정 조절을 위해 또 한 가지 중요한 것은 원가족의 트라우마에서 벗어나야 한다는 것이다. 많은 엄마들이 양육을 할 때 자신의 성장 경험을 대비시켜 생각하는 경향이 있다. 엄한 부모 밑에서 자랐다면 아이를 자유롭게 풀어주려 하고, 부모의 사랑을 받지 못했다고 생각하면 아이에게 유난히 집착하는 경향이 있고, 어려운 가정 환경에서 자랐다면 아이가 해달라고 하는 것은 되도록이면 모두 들어주려 한다. 생각보다 많은 엄마들이 과거의 감정에서 벗어나지 못한다. 과거에 사로잡혀 아직 생기지도 않은 일을 미리 걱정하고 불안해하는 것이다. 특히 상처가 많은 엄마일수록 강도가 심하다.

원가족의 트라우마로부터 벗어나야 할 사람은 엄마뿐만 아니라 아빠도 마찬가지다. 엄한 아버지 밑에서 자란 남자는 자신의 의견 하나 제대로 이야기해본 적 없는 어린 시절을 보냈을 가능성이 크다. 이는 부부 관계에도 큰 영향을 끼칠 수 있다. 자신의 의견을 틀린 것으로 간주해버리고 배우자에게 하고 싶은 말을 잘 못하는데, 양육 주도권을 엄마가 잡으면 양육에서 아빠 역할이 그만큼 줄어들 수밖에 없다. 엄마는 엄마대로 아빠의 이러한 모습이 양육에 있어 방관자로 보여 화가 나고 아이의 문제 행동을 남편 탓으로 돌리기도 한다. 이러한 악순환은 양육을 더욱 힘들게 할 수밖에 없다.

아이에게 벌어지는 문제 상황은 부모 자신의 어린 시절의 경험과 이어지고 있는 것인데도 불구하고, 대부분의 부모들은 문제로서 인식하지 않는다. 원가족과의 관계에서 오는 정신적인 상처는 부모 자신의 문제이며, 본인의 트라우마를 아이에게 투영시키려 하는 것은 바람직하지 않다. 훈육을 제대로 하기 위해서는 당장이라도 과거의 그림자를 지워야 한다. 감정 조절을 못하면 훈육이 힘들어진다는 것을 명심하자.

좋은 부모가 되기 위해서는 자신의 과거 감정에서 벗어나기 위해 노력해야 한다. 마음속의 상처가 깊을수록 아이나 다른 가족과 갈등을 일으키게 될 위험이 높기 때문이다. 이럴 때는 우선 아이보다는 자신에게 집중할 필요가 있다. 부모의 상처가 먼저 치유되어야 비로소 아이의 문제를 고민할 수 있는 것이다. 그렇지 않으면 '내가 잘못해서 아이를 제대로 키우지 못하면 어떡하나.' 하는 고민을 계속 떠안고 살아가야 한다. 또, 훈육을 하다가 자기감정을 이기지 못해 아이에게 좋지 않은 영향을 끼치게 된다.

어린 시절의 경험은 한 사람의 인생에서 매우 소중하고 중요하다. 부모가 좋지 못한 경험을 했기 때문에 아이에게 물려주고 싶지 않다는 것은 공감할 수 있는 부분이다. 그러나 상황을 확대 해석해서 자신의 감정과 아이의 감정을 동일시하는 오류는 범하지 않아야 한다. 아이의 감정을 전혀 고려하지 않은 채 자신의 감정을 이입시켜서는 안 된다. 부모는 먼저 자신의 감정을 정리하고 평소에 아이와 대화를 많이 하도록 하자. 흔들림이 없는 부모가 아이를 잘 잡아줄 수 있다.

여섯. 융통성 : 부모 역할은 아이의 나이에 따라 다르다

육아는 인기투표가 아니다. 아이한테 인기를 많이 얻으려면 아이가 좋아하는 것만 해주고 싫어하는 것은 안 시키면 될 것이다. 하지만 육아는 엄마나 아빠가 인기 있는 사람이 되는 게 목적이 아니다. 아이의 성장 시기에 맞춰 필요한 일을 가르쳐야 하므로 나이에 맞는 훈육이 반드시 이루어져야 한다.

영아기는 자아가 생기는 중요한 시기다. 그러므로 부모와의 애착 관계가 반드시 형성되어야 한다. 이때 이전보다 훨씬 다양하고 복잡한 감정이 생기기 때문에 아이의 기질과 성향에 따라 맞춤형 훈육이 이루어져야 한다. 특히 형제자매가 기질이 확연하게 다르다면 각자의 성향에 맞게 아이를 훈육해야 할 필요가 있다. 개인의 기질과 성격은 워낙 다양해서 순한 아이, 까다로운 아이, 내성적인 아이, 외향적인 아이, 기질이 좀 늦게 형성되는 아이 등 아이에 따라 양육을 달리해야 한다. 엄마는 아이에 대한 객관적인 시각을 통해 아이의 기질과 성향을 먼저 관찰하고 파악해야 양육의 어려움을 덜 수 있다.

형제자매를 키우면서 발생할 수 있는 상황에 대해 부모가 보다 융통성 있게 대처할 수 있는 방법을 알아보자. 형제간의 다툼을 훈육하기 위해서는 가정에서의 규칙이 분명히 있어야 한다. 형제간에는 자주 싸우는 분야가 있는데 대표적인 것이 소유권이다. 따라서 내 물건, 네 물건 가르는 것에 대해 분명하게 정해주는 것이 좋다. 예를 들어, '1. 내 물건은 내가 정리한다. 2. 오빠 물건은 오빠가 정리한다. 3. 상대방 물건을 쓰고 싶을 때는 청한다. 4. 만약

청했는데 거절당했다면 참는다. 5. 공동의 물건은 먼저 잡은 사람이 5분 사용하고 순서대로 사용한다.'와 같이 정리해볼 수 있다. 이러한 규칙을 정해놓으면 일상생활에서 자주 일어나는 갈등 상황에서 훨씬 수월하게 교통정리를 할 수 있다.

부모가 분명하게 규칙을 말해준 다음 잘 보이는 곳에 붙여두고 아이 스스로 지킬 수 있도록 이끄는 일은 매우 중요하다. 특히 장난감 때문에 다투는 아이들이 많은데 매번 아이들 각자에게 장난감을 사줄 수 없어 난감한 경우가 많다. 장난감에 대한 소유권 분쟁을 막으려면 먼저 부모가 소유에 관해서 확실하게 구분해줘야 한다. 장난감 때문에 다투는 아이들의 문제를 해결하기 위한 방법은 우선 장난감마다 소유를 분명히 해주는 것이다. 그리고 각자의 장난감은 허락을 받고 사용하도록 교육한다. '이것은 형 것이고, 저것은 동생 것이다'라는 것을 알려준다. 여기에 소유권 다툼이 일어날 때 해결하는 방법도 구체적으로 알려주면 좋다. 가령, 동생이 형의 물건을 쓰고 싶을 때 어떻게 청해야 하는지, 거절당했을 때 어떻게 참아야 하는지 또는 기다려야 하는지와 같은 부분을 명확하게 가르쳐주면 이에 대한 형제간의 분쟁이 점차 사라지게 된다.

형제자매의 다툼은 이면을 자세히 들여다봐야 한다. 형제자매간에 발생하는 다툼은 주로 큰아이가 동생을 괴롭히는 데에서 비롯되는 경우가 많다. 맏이에게 동생의 존재는 자신으로부터 부모의 사랑과 관심을 빼앗아간 '강탈자'와 같다. 그러니 맏이로서는 자연히 동생에 대한 적대감과 분노감이 생길 수밖에 없고 사사건건 동생과 다투게 되는 것이다. 부모 입장에서는 아이가 하나만 있을 때는 그 아이가 어린아이로 보인다. 그런데 동생이 생기면 상대적으로 큰아이가 실제 나이보다 훨씬 어른스럽게 느껴진다. 이때 아이는 굉장한 혼란스러움을 느끼며 동생이 밉고 엄마, 아빠에게도 화가 날 수 있다. 게다가 맏이니까 자꾸 양보하라고만 하는 어른들 때문에 아이의 짜증과 화가 더욱 심해진다.

형제자매의 다툼을 대할 때 부모는 어느 한 사람의 편을 들지 않고 아이들 개개인의 입장을 존중해줘야 한다. 자라나는 아이들이 다투고 질투하는 일상은 자연스러운 현상이다. 때로는 엄마의 관심을 더 받기 위해, 또는 형이나 동생을 경쟁자로 생각하면서 끊임없이 갈등을 일으키고 불안해한다. 따라서 부모의 반응도 어느 한쪽에 치우쳐서는 안 되며 아이들 모두와 충분한 유대감을 형성하는 것이 좋다.

형제자매는 아이가 태어나 부모 다음으로 만나는 인간관계다. 아이는 형제자매의 관계 속에서 기본적으로 지켜야 할 규칙과 여러 가지 갈등 상황 등을 배우게 된다. 관계를 형성하는 데 있어서 아직 어린아이가 감당하기에 어려운 부분이 많으므로 부모의 현명한 판단과 중재가 반드시 필요하다.

형제자매간의 갈등 상황을 어떻게 헤쳐나가느냐에 따라 아이의 성격이 변할 수 있다. 형제자매 사이에 불안정한 관계가 형성되면 어른이 되어서도 그 트라우마에서 쉽게 빠져나오지 못한다. 형제자매간의 문제는 당사자들의 힘의 논리에서 비롯된 것이지만, 여기에 부모가 개입되면 부모와의 관계 형성 문제로 확장된다. 부모가 형의 편을 들어주거나 동생의 편을 들어줄 때 부모에게 반감을 갖게 될 수도 있다. 누구나 억울한 사연은 있다. 부모는 잘 알지 못하는 상황을 지레 짐작하지 말고 정확한 상황 판단을 해서 문제를 해결해야 한다. 아직 어리기 때문에 대충 잘잘못을 따져주면 되지 않을까 하는 것은 위험한 발상이다. 아이들을 뭉뚱그려 생각하지 말고 개별적인 존재로 인식하면서 각각 다른 방식으로 문제를 해결하는 것이 현명하다.

터울이 크거나 자주 다투는 형제자매의 경우 아이들끼리만 놀게 하지 말고 부모가 함께하면 싸움을 줄이는 데 도움이 된다. 아이들끼리 놀다 보면 막무가내인 어린 동생 때문에 큰아이가 화낼 일이 많이 생긴다. 엄마는 이미 벌어진 결과만을 보고(동생이 울음을 터트린다든가 하는 상황) 맏이를 혼내기 쉽다. 하지만 이때 "동생이 네가 아끼는 것을 망가트린 거야? 정말 속상했겠네."와 같은 방식으로 아이의 속상한 마음을 먼저 알아주면, 아이도 원인이야 어찌 되었든 간에 결과적으로 동생에게 화낸 것을 반성하고 사과할 줄 알게 된다. 이처럼 형제자매가 자주 다툴 때 부모가 큰아이의 속상한 마음을 읽어주면 생각보다 문제가 쉽게 풀릴 수 있다.

자매 사이의 다툼이 일어났을 때는 좀 더 다른 해결책이 필요하다. 자매끼리 다투면 으레 감정이 상하기 쉽다. 마음이 상한 것은 쉽게 풀어지지 않기 때문에 엄마가 간섭하지 말고 아이들을 내버려두는 것이 좋다. 다툼을 중단을 시키고 둘을 떼어놓으면, 시간이 지나 서로의 감정이 풀어지고 언제 그랬냐는 듯이 다시 친해지는 것이 자매다.

아이는 각자의 개성을 존중해서 키워야 한다. 부모가 할 일은 아이에게 흔들리는 마음을 보이지 않고 꾸준하고 명확한 태도를 유지하는 것이다. 그리고 독립적이고 인성이 바른 아이로 성장할 수 있도록 곁에서 항상 지켜주고 도와줘야 한다.

훈육을 할 때 부모에게 가장 잘 맞는 방법을 찾는 것 또한 중요하다. 아이마다 성격과 스타일이 다르듯이 부모도 마찬가지다. 자신에게 잘 맞는 양육방법이 아이에게 제대로 된 영향을 미칠 때가 가장 바람직하다. 반면, 그렇지 않은 경우도 있다. 부모는 기준을 정했는데 아이가 도저히 따라오지 못하면 융통성 있게 방법을 바꿔보는 것도 좋다. 부모는 평소에 자신의 양육 방법에 잘못된 점은 없는지 돌아보는 자세를 지녀야 한다. 너무 엄격하게 아이를 키우는 것은 아닌지, 반대로 너무 풀어주는 것은 아닌지, 다른 부모들은 같은 상황에서 어떤 방법을 취하는지 항상 열린 자세로 다양한 정보를 취해야 한다. 육아에 정답은 없다. 다른 사람의 강점을 받아들이고 나의 약점을 포기하는 것도 하나의 방법이 될 수 있다. 훈육이라는 커다란 틀 안에서 아이에게 가장 적합한 것이 무엇인지 고민하는 부모가 되자.

일곱. 인내 : 아이는 변화가 느리니 기다려라

훈육은 끊임없는 마라톤이다. 잘 키우겠다는 마음, 의지, 사랑만으로는 이루어지기 힘든 것이 바로 훈육이다. 그러므로 아이에게 문제가 생겼을 때 부모가 잘 풀어서 해결하겠다는 판단력과 의사 결정이 사랑하는 감정만큼이나 중요하다는 것을 늘 염두에 두어야 한다.

보통 부모는 아이의 문제 행동과 그것을 고치는 방법을 인지하고 있음에도 불구하고 인내심이 짧아 그 과정을 이겨내지 못한다. 아이에게 어떤 지시를 내렸는데 아이가 '못해, 안 돼'라고 하면 대부분의 부모는 한숨을 쉬면서 결국은 아이 대신 다 해주게 된다. 어른들이 인내심이 짧아 아이에게 무언가를 시켰을 때 아이가 힘들어하면 그 이후의 과정을 대신 다 해주는 것이다. 하지만 이러한 악순환은 결국 아이가 힘든 과정을 연습할 수 있는 길을 막게 된다. 아이가 못한다고 투정 부리면 '어휴 또 시작이야.'라고 반응할 게 아니라 '아, 아이가 힘들구나. 그럼 내가 좀 더 가르쳐줘야겠다.'라는 생각으로 아이를 격려하고 아이의 성취 경험까지 제공해주는 게 바람직한 부모의 태도다.

아이는 자기 스스로 선택하고 그것을 직접 실행해봄으로써 성취감을 느낀다. 이렇게 아이가 자발적으로 하는 일은 아이에게 자신감을 길러주고 '나는 할 수 있다!'와 같은 자기 효능감도 높아지게 만든다. 따라서 부모가 아이에게 자율성을 길러줌으로써 아이의 자신감을 키워주는 것이 무엇보다 중요하다. 아이가 혼자 해보겠다고 의욕 있게 나서는데 "너는 못하는 거야." 하며 부모가 미리 선을 긋고 대신 해주면 아이는 도전 의욕을 상실한다. 부모는 아이가 성취감을 느낄 수 있도록 배려하고 기다릴 줄 알아야 한다. 만약 이 과정에서 아이가 실수를 하거나 설사 결과가 좋지 않다 하더라도 아이를 격려하고 아이의 도전하려는 마음에 칭찬을 아끼지 않아야 한다. 성취감을 통해 아이는 자신에 대해 긍정적인 생각을 갖는다.

대부분의 부모들은 아이의 좋은 습관이 어느 순간 한 번에 100% 형성되는 것으로 착각한다. 그래서 억지로 좋은 습관을 길러줘야 하는지 아니면 혼자서 하도록 내버려두어야 하는지 고민하게 된다. 아이는 단계를 밟아 천천히 성장하므로 때에 따라 30% 성취할 수도 있고 50% 성취할 수도 있다. 현재 아이가 10% 정도를 하고 있다면 100%가 아니라 40~50% 달성을 목표로 삼으면 된다. 그 습관을 꾸준히 지키다가 아이가 어느 정도 익숙해지면 그다음 단계로 70~80% 올리면 된다. 그러다 보면 어느 순간 아이는 100%에 도달해 있을 것이다. 부모는 인내심을 가지고 아이의 느린 변화를 기다려야 한다.

습관을 들일 때는 아이가 한 번에 배우길 기대하지 말고 여러 번 반복적으로 노출시켜주는 것이 좋다. 예를 들어, 배변 훈련을 적정 시기에 시작했지만 중간에 아이가 잘 따라오지 못한다는 이유로 '언젠가는 하겠지.' 하면서 중도 포기하면 안 된다는 것이다. 거듭 강조하지만 습관 형성이나 훈육은 하루아침에 이루어지지 않는다. 아이의 행동이 개선될 때까지 포기하지 말고 교육을 멈춰서는 안 된다. 또한, 아이마다 규칙을 배우는 속도가 다르기 때문에 다른 아이와 비교하지 말고 아이가 자기 속도에 맞게 습득할 수 있도록 인내를 가져야 한다.

아이가 한 번 규칙을 어겼다고 해서 실망할 필요는 없다. 이는 어린아이이기 때문에 당연히 일어날 수 있는 일이다. 게다가 규칙은 다시 세울 수 있고 아이에게 꾸준히 강조하면 된다. 똑같은 일로 야단치는 것도 아이이기 때문에 당연한 것이다. 수없이 야단치고 강조하고 이끌어줘야 비로소 훈육이 효과를 발휘할 수 있다는 생각으로 임해야 한다.

육아를 할 때는 조급하게 생각하지 말고 차근차근 단계를 밟아나가야 한다는 것을 명심하자. 처음에 아이가 배워야 하는 일은 옷을 입고 벗거나 세수하고 밥을 먹는 가장 기초적인 것이다. 그런데 아무리 기초적이고 기본적인 규칙이라도 일상생활의 규칙을 아이에게 한 번에 가르치기는 매우 어렵다. 하루아침에 아이가 변하는 것도 아니다. 따라서 기본적인 일상생활 규칙에 대한 훈육을 위해서는 아주 작은 단위로 쪼개서 단계별로 시작해야 한다. 밥 먹기를 예로 들어보자. 일단 '식탁에 앉기'부터 연습한다. 그다음에 '숟가락을 사용해서 먹기'를 해보고, 익숙해지면 '스스로 밥 세 숟가락 먹기'를 시도하는 식이다. 단계별로 가르치면 효과적으로 배울 수 있다. 다른 생활 습관도 마찬가지다.

일단 아이를 훈육할 때는 아이와 신경전을 벌이는 것에 너무 집착할 필요는 없다. 어차피 문제 행동을 일으키는 아이는 고집이 세다. 따라서 아이에게 강하게 부딪히는 것보다는 부드럽고 유연한 자세를 가져야 한다. 아이가 강한 행동을 할 때는 제지하고, 아이가 조금이라도 변화를 보인다면 칭찬해주면서 밀고 당기기를 시도해보자. 아이가 엄마 말을 잘 따르면 나름의 보상을 해주는 것도 좋다.

엄마는 최대한 받아들일 자세가 되어 있다는 것을 아이에게 표현해야 한다. 훈육이라는 것이 '너를 혼내겠다'는 것이 아니라 '대화를 한번 해볼까'라는 느낌으로 다가와야 한다. 물론 부드러운 말투 속에 단호한 엄마의 마음이 전해져야 한다. 화가 난 듯한 감정이 섞인 목소리나 명령조가 아니라, 떼를 부리지 않으면 엄마도 충분히 너와 대화할 용의가 있다는 것을 보여주는 것이다. 훈육을 할 때 엄마가 매를 들거나 감정을 조절하지 못하면 아이를 더 자극할 뿐이다. 아이에게 말할 때는 부드러우면서도 잘못을 따끔하게 지적하도록 한다.

아이의 행동에 문제 제기를 했으면 그다음 상황에 대한 코칭도 필요하다. '하지 마, 그만해'로 끝나는 것이 아니라 아이가 하는 행동에 대한 대안을 제시해야 한다. 동생이 자고 있는데 아이가 텔레비전을 크게 틀어놓으면 아이에게 다른 놀이를 하자고 제안한다. 또는, 엄마가 밥을 차릴 때 반찬 꺼내는 것을 도와준다면서 식탁을 어지럽히면 수저 놓는 것을 도와주면 좋겠다고 말한다. 무조건 '안 돼'로 끝나버리는 대화는 아이로 하여금 부정적인 시선을 갖게 한다.

보통 부모들은 훈육을 시작하면 아이가 금방 바뀔 수 있을 것이라 생각하는데 대부분 그렇지 않다. 어른들도 사소한 습관 하나 바꾸는 데 오랜 시간이 걸리는데 아이들은 두말할 나위가 없다. 그러니 지속적인 반복과 연습을 통해 아이를 기다려주는 자세가 필요하다. 어떤 작가는 '아이에게는 시간이 있고, 부모에게는 끈기만 있으면 된다'라는 말을 했다. 모든 변화에는 시간이 필요하다. 힘든 시간을 보내고 기다리면 나아지는 것이 육아다.

여덟. 가족의 화목 : 양육의 절반은 화목한 가정 분위기다

훈육에 있어서 가족 간의 유대감은 그 무엇보다 중요하다. 아이를 정서적으로 건강하게 키우려면 가족이라는 울타리가 즐겁고 행복해야 한다. 가족 유대감을 돈독하게 만들기 위해서는 먼저 부부 관계가 좋아야 한다. 아이에게 엄마, 아빠는 똑같이 소중한 존재다. 부부가 서로 존중하고 긍정적이어야 아이도 안정된다. 아이와의 상호 작용은 양보다는 질이다. 하루 종일 아이와 놀아준다고 해서 애착 관계가 저절로 좋아지는 게 아니다. 하루에 단 1시간이라도 온 가족이 관계를 개선할 수 있는 소통의 장을 마련하면 된다. 하루 중 일정 시간을 가족을 위한 시간으로 비워두고 가족들과 정서적인 교감을 할 수 있도록 노력해야 한다.

아이는 부모의 감정을 금세 알아차릴 수 있다. 혹시라도 부모가 다른 생각을 가지고 있다고 생각하면 자신이 주의를 끌지 못해서 그렇다고 착각할 수 있다. 부모는 아이 한 명, 한 명이 독립된 인격체라는 것을 명심해야 한다. 개개인에 맞는 요구 사항을 잘 알아야 하고 형제자매를 비교하지 않아야 한다.

부모는 아이의 거울이다. 조금이라도 더 아이 얼굴을 바라보고 부부가 마주보면서 대화를 나누려는 노력이 필요하다. 대화를 나눌 때는 무의미한 말이 아니라 주제가 있는 것이 좋다. 더불어 아이의 의견을 잘 들으면서 서로 경청하는 모습도 가르쳐야 한다. 아이가 어릴 때부터 경청하는 습관을 들이면, 성장해서도 자신의 의견을 말하고 남의 의견에 귀를 기울이는 것에 익숙해진다. 이러한 열린 사고는 사회생활을 하는 데도 도움을 준다. 또, 부모가 언제나 자신의 생각을 들어주고 함께 고민해준다는 소중한 기억이 오래도록 좋은 영향으로 남을 수 있다.

부모가 아이의 생각을 들어줄 때는 아이의 눈높이에서 이해하기 위해 노력해야 한다. 행동을 지시할 때는 아이가 어느 정도까지 할 수 있는지를 부모 입장에서 판단하고, 안 되는 부분에 도움을 주는 조력자 역할을 하면 된다. 아이가 바람직한 행동을 잘 할 수 있도록 유도하는 것이 훈육의 가장 중요한 목적이다. 상황에 따라 아이에게 주도권을 주기도 하고 부모가 주도권을 가지기도 하면서 적절하게 균형을 유지하는 역할을 한다면 올바른 권위를 가진 좋은 부모가 될 수 있다.

아이가 부모로부터 사랑받고 가족으로부터 관심받는 기분이 충분히 들면 애정 결핍을 걱정하지 않아도 된다. 뿐만 아니라 아이는 성장하면서 소외되고 고립되는 감정을 느끼지 않는다. 존중받는 느낌을 가지고 자란 아이는 다른 사람을 배려하고 존중하는 마음을 저절로 습득한다. 반면에, 애정을 제대로 느끼지 못하고 자란 아이는 마음의 여유가 늘 부족하고 가족은 물론 다른 사람들에게 끊임없이 관심을 요구한다. 그렇게 되면 아이의 성격과 타인과의 관계 형성에서 어려움이 생길 수 있다.

좋은 부모-자녀 관계를 만들려면 어릴 때부터 아이를 존중하는 분위기가 조성되어야 한다. 존중받는 것을 경험한 아이는 자신이 받은 대로 다른 사람을 귀히 여기고 배려할 줄을 안다. 그리고 이 과정에서 긍정적인 자아를 형성하면서 올바른 인성을 기를 수 있다. 부모는 아이에게 무한한 사랑을 줄 수 있는 마음의 여유를 가져야 한다. 아이는 이러한 소중한 경험을 가족이라는 울타리 안에서 가장 먼저 얻는다. 어릴 때부터 강압적인 분위기에서 자란 아이는 자기표현을 힘들어하고 수동적일 확률이 높다. 아이의 억눌린 자아는 성인이 되어서도 쉽게 고쳐지지 않는다. 자의식이 강한 아이라면 반항으로 나타날 수도 있다.

훈육은 아이가 원하는 것을 못하게 하는 것이 아니다. 아이가 세상에 나갔을 때 해도 되는 것과 하면 안 되는 것에 있어 분별력을 갖추는 과정이 훈육이다. 부모는 아이를 위하는 마음으로 명확하게 가르쳐야 한다. 훈육은 절대 일방적인 것이 아니며, 부모와 아이가 함께 변해야 그 효과가 제대로 발휘된다. 무엇보다 훈육은 서로가 사랑받을만한 가치가 있다는 것을 느끼게 해주는 아름다운 소통임을 잊지 말자.

EBS 부모 청개구리 길들이기 편

초판 1쇄 인쇄 | 2015년 8월 20일
초판 1쇄 발행 | 2015년 8월 28일

지은이 | EBS 〈부모〉 제작팀
책임감수 | 김수권
기획 | EBS MEDIA
발행인 | 이원주

임프린트 대표 | 김경섭
기획편집 | 한선화 · 김순란 · 강경양 · 한지은
디자인 | 정정은 · 김덕오
마케팅 | 노경석 · 조안나 · 이철주 · 이유진
제작 | 정웅래 · 김영훈

발행처 | 지식너머
출판등록 | 제2013-000128호
주소 | 서울특별시 서초구 사임당로 82 (우편번호 137-879)
문의전화 | 편집 (02) 3487-1151, 영업 (02) 2046-2800

ISBN 978-89-527-7464-4   14590
　　　978-89-527-5680-0 （세트）